汉竹编著●亲亲乐读系列

瘦孕营养食谱：视频版

戴永梅 / 主编

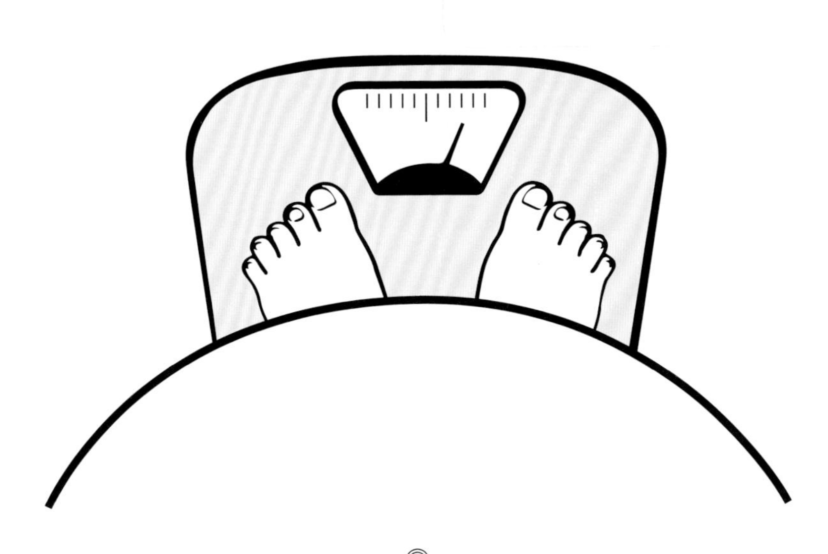

汉竹图书微博
http://weibo.com/hanzhutushu

江苏凤凰科学技术出版社
全国百佳图书出版单位
·南京·

图书在版编目（CIP）数据

瘦孕营养食谱：视频版 / 戴永梅主编 . -- 南京：江苏凤凰科学技术出版社，2020.8
（汉竹·亲亲乐读系列）
ISBN 978-7-5713-1202-2

Ⅰ.①瘦… Ⅱ.①戴… Ⅲ.①孕妇－妇幼保健－食谱 Ⅳ.① TS972.164

中国版本图书馆 CIP 数据核字（2020）第 107004 号

中国健康生活图书实力品牌

瘦孕营养食谱：视频版

主　　编　戴永梅
编　　著　汉　竹
责任编辑　刘玉锋
特邀编辑　许冬雪　边　卿
责任校对　杜秋宁
责任监制　刘文洋

出版发行　江苏凤凰科学技术出版社
出版社地址　南京市湖南路1号A楼，邮编：210009
出版社网址　http://www.pspress.cn
印　　刷　合肥精艺印刷有限公司

开　　本　720 mm×1 000 mm　1/16
印　　张　17
字　　数　340 000
版　　次　2020年8月第1版
印　　次　2020年8月第1次印刷

标准书号　ISBN 978-7-5713-1202-2
定　　价　49.80元

图书如有印装质量问题，可向我社出版科调换。

编辑导读

说起怀孕，很多妈妈的第一印象就是大量进补，然后发胖，似乎怀孕之后，便失去了追求美的权利。而“越孕越美”这件事，是不是和自己就无关了呢?

其实，怀孕后的饮食绝不等于毫无节制地进补！不讲科学，多吃滥补，只会给孕妈妈带来更多赘肉。营养过剩，体重失控，还会给生产带来重重困难。作者戴永梅医生反复强调:“健康的孕期，应该是孕妈妈体重合理增长、胎宝宝健康发育。做好孕期体重管理,还能有效防治孕期糖尿病、高血压、贫血等。”

戴医生根据多年经验，精心挑选了40套营养三餐食谱，一周一套，每天不重样。既照顾孕妈妈的食欲，又能满足胎宝宝的营养需求，更重要的是，科学合理的搭配有助于实现“长胎不长肉”。

在40周孕育旅程中，胎宝宝的成长发育、孕妈妈的身体心理，每周都会有变化。从怀孕的那一天起，每个孕妈妈、准爸爸都是“在读生”，都将面对不同的惊喜和挑战。为此，书中提供每周胎宝宝变化图，同步解读孕期营养、体重管理、心理减压、不适调理等方面的内容。

无论是孕妈妈，还是照顾孕妈妈的家人，通过本书，都能做到无疑虑、不焦虑，顺利迎接健康宝宝的降生！

目录

第一章

怀得上、生得顺，都与体重有关

第二章

长胎不长肉的关键营养素

第三章

孕期 40 周同步营养方案

第13周

第14周

第15周

第16周

第29周

第30周

第31周

第32周

第37周

第38周

第39周

第40周

第四章

孕期常见不适饮食调理

理想的孕期，就是孕妈妈的体重合理增长，
胎宝宝健康发育。在注意补充营养的前提下，
做好体重管理，更利于顺利生产。

第一章

怀得上、生得顺，都与体重有关

孕前体重正常，更易“好孕”

女性一旦打算怀孕，首先要关注的，就是自己的营养状况，而营养最直观的指标之一，就是体重。合理的体重不仅有利于孕育一个健康的宝宝，也有利于产后身体的恢复。而孕前的体重体形，很大程度上影响了孕期的体重增长。

偏瘦，可能会营养不良

备孕女性如果身材过于纤瘦，就容易营养不良和蛋白质不足，而这很可能会引起排卵功能不良、早产、低体重出生儿等问题。过于纤瘦的备孕女性的子宫内膜往往就像一片贫瘠的土壤，这让受精卵很难在子宫中“安家”。

孕期女性本就容易贫血，身体纤瘦的备孕女性就更需要及时补血了。日常多吃瘦肉、猪肝、鸭血等含铁丰富的食物，不仅可以补血，同时还有滋补强身的功效。另外，动物肝脏，如猪肝、牛肝、羊肝、鸡肝等，铁含量往往高于动物的肉，而且易吸收，维生素的含量也很高。

超重或肥胖，增加排卵障碍

备孕女性如果过于肥胖，除了卵子数量会减少、卵子发育会变得缓慢外，受精卵也不容易在子宫内膜上着床。肥胖有时还会伴有多囊卵巢综合征以及血糖、血压异常，让女性不容易受孕。

TIPS

备孕期需要控制体重，但最好不要采取节食的方法。备孕女性需要积蓄充分的营养物质，为将来的胎宝宝提供所需营养。节食减肥打破了营养均衡的状态，备孕女性的身体激素分泌，尤其是促性腺激素也会出现紊乱。过分节食导致过于消瘦，还会影响卵巢功能，对女性的生理周期和生育都不利。

根据身体质量指数（BMI）确定体形

女性如果打算怀孕，可以根据自己的体重是否达到理想标准来调节饮食。那么，怎么才能知道自己体重是否合理呢？

女性孕前体形可分为偏瘦、正常、超重、肥胖，一般根据身体质量指数（BMI 值）来判断。

公式为：BMI= 体重（千克）÷［身高（米）× 身高（米）］

例如，孕妈妈孕前体重为 45.0 千克，身高 160 厘米。

那么计算如下：

BMI=45.0÷（1.6×1.6）≈ 17.6，身体质量指数约为 17.6。

备孕女性可以参照下面的表格了解自己的身体质量指数对应什么体形，然后科学地增减体重。

BMI 值	体形
<18.5	偏瘦
18.5~23.9	正常
24.0~27.9	超重
≥ 28.0	肥胖

注：以上标准适用于我国居民。

孕前 3 个月就要加强营养

为了拥有一个健康、聪明的孩子，孕前最好做好充分准备。不少人认为在怀孕后再加强营养就行了，其实这是一个错误的观点。

因为妊娠早期是胚胎组织器官形成发育的关键期，此时胎盘尚未完全形成，胚胎发育所需的营养直接从子宫内膜储存的养料中获得，而子宫内膜所含的营养在孕前就已形成，所以孕前的营养自然会影响到胚胎发育的质量。

况且，在妊娠早期，绝大部分孕妈妈会出现恶心、呕吐、食欲不振等现象，饮食摄入的数量与质量都很难达到标准，所以在孕前特别是受孕前 3 个月，应有计划地加强营养，为身体多贮备一些营养物质。

备孕男性也要控制体重

在老婆准备怀孕前，男性也要称量一下自己的体重，因为脂肪过少或过多都可能扰乱性激素的正常产生，使精子数量减少，并且使异常精子所占比重增加。可以通过平衡膳食、加强锻炼将体重控制在正常范围内，有利于产生大量高质量的精子。

偏瘦男性：多摄入优质蛋白质和锌

研究显示，男性将身体质量指数控制在18.5~23.9，产生大量高质量精子的可能性更大。若男性过于消瘦，则需要增加进食量，多摄入富含优质蛋白质和脂肪的食物，如瘦肉、蛋类、鱼类及豆制品，并且进行规律的体育锻炼，如散步、游泳等，防止脂肪在体内蓄积过多。

补锌对备孕男性来说也很重要，因为精子的数量和活性与锌含量呈正相关，锌含量越高，精子活性越高，就有足够的动力穿过卵子透明带和卵子结合；缺锌可致男性性功能减退、性欲降低。备孕男性在饮食中要注意补锌，确保每天摄入 12~15 毫克锌。

肥胖男性：改善食谱，加强锻炼

肥胖的备孕男性需要制订一个科学合理的食谱，并加强体育锻炼。有些男性喜欢吃肉，往往对蔬菜水果不屑一顾，却不知道蔬菜水果中含有的大量维生素是男性生殖生理活动所必需的。如维生素 C、β－胡萝卜素和维生素 E 都有延缓衰老、减慢性功能衰退的作用，还对促进精子的生成、提高精子的活性具有良好的效果。

备孕男性要远离的食物

可乐：容易使人长胖，而且含有较多的咖啡因和磷酸，长期大量摄入会影响精子生成。

烧烤食品：脂肪、热量、胆固醇含量高，而且含有丙烯酰胺，会影响精子生成。

奶油制品、方便面等：含反式脂肪较多，会影响血管健康，也会影响雄性激素的分泌。

TIPS

一个健康男性的精子中，大约有 4% 的精子畸形，而畸形精子的染色体异常可能会导致女性不孕、流产以及婴儿先天性愚型。精子成熟的周期长达 3 个月，若备孕男性缺乏叶酸，会导致精子活力减弱，所以要提前 3 个月补充，每天膳食须保证摄入 400 微克叶酸。

孕期体重控制是顺产的关键

有的孕妈妈认为吃得越多胎宝宝的营养越好，于是水果、坚果、鸡鸭鱼肉、蛋奶……来者不拒，整个孕期下来，体重一路飙升。其实，怀孕不是想吃多少就吃多少，合理的体重增长才是顺利生下健康宝宝的重要保证。

肥胖是难产之源

过度肥胖时，体内脂肪太多，连子宫肌肉周围也充满了脂肪，这会造成子宫收缩时负担增加，不利于产程进展。有文献称，肥胖产妇更容易发生胎膜早破及羊膜腔感染。另外，由于宫缩力弱，也容易发生产后出血。可以说，孕妈妈超重或肥胖坏处多多。

胎宝宝越大越难产

“怀孕了，一人吃两人补，要尽量多吃”，这是以往老百姓口中的流行语。在生活水平大大提高的今天，过量的饮食反而有害无益。许多孕妈妈摄入营养过多，不仅使自己体重超标、身材走形，还会给将来宝宝的健康带来诸多问题。

孕妈妈营养过剩，会导致胎宝宝长得过大，生出体重达到超过 4 千克的巨大儿，甚至 4.5 千克以上的超巨大儿。再加上肥胖孕妈妈产道脂肪堆积，容易造成胎儿通过障碍，以至于难产。难产会导致胎儿产伤发病率增高，并且宝宝成年后患 2 型糖尿病、高脂血症、心血管疾病的概率也明显高于正常人群。

控制体重，轻松顺产

孕妈妈的体重增长是孕期营养的重要标志，适宜的体重增长是孕育一个健康宝宝的基本保证。但是饮食过量、营养过剩、运动不足可导致孕期体重增长过快，这不仅会加重孕妈妈自身的负担，还会使发生妊娠并发症的可能性增加。孕妈妈控制体重的目的是避免妊娠并发症及巨大儿的产生，控制体重的前提是保证均衡的膳食和充分的营养，达到既满足胎宝宝发育需要，又不会让自己过度发胖的程度。只要是符合这两个前提的体重控制，就是健康合理的。

TIPS

孕妈妈一定要定期监测体重的增长情况，从孕早期开始每周称量和记录体重，根据体重的变化调整食物摄入量。每次测量时要选择同一时段，保持相同状态，如都选择早晨空腹时，排空小便，着单衣进行。

孕期该长胖多少

整个怀孕期间应该长胖多少？体重增长这件事也是因人而异，不能一概而论。整个怀孕期间，孕妈妈增重建议在 11 千克左右。怀孕前 3 个月，一般来说，孕妈妈体重每月增加 0.5 千克左右。此后，每月增长不宜超过 2 千克，而且一周增长不要超过 400 克。

孕期体重长在了哪里

必要性的体重增长。即胎儿、羊水、胎盘、增大的子宫和乳房组织、增加的血容量。其中，胎盘可提供胎儿成长发育所需的一切物质，最终可达胎儿体重的 1/6；羊水容量变动较大，但一般不会超过 2 000 毫升；乳腺组织的增加为产后的哺乳做准备，而增大的子宫则是为了更好地容纳胎儿和胎盘、羊水等妊娠产物；孕妈妈增加的血容量为胎儿提供养料和氧气，一般增加 1 200 毫升左右。另外，在怀孕时水分与脂肪堆积于全身，也会造成体重的增加。因为孕期必要性的体重增长受遗传因素影响，所以相对稳定，共增加 6~7 千克。

母体为产后泌乳的能量储备。即孕中、晚期母体储存脂肪的增加。食物中的能量消耗不完就会转化为脂肪储备，孕妈妈体重增长的差异主要是脂肪储备的多少造成的，而脂肪储备的多少与进食和身体活动多少直接相关。不同孕妈妈之间的差异较大，差异可达 5~8 千克。另外，即使妊娠期结束，身体储存的脂肪也依然会存在很长时间，对产后体形恢复的影响比较持久。

由于“必要性的体重增长” 在妊娠结束后就消失，而自身储备的脂肪想自然恢复却较为困难。因此，建立科学有效的孕期体重管理意识是非常必要的。

孕期不同阶段，体重增长不同

孕早期胚胎发育速度较慢，所需能量不多，一般增重 1~1.5 千克。特别是早期，因食欲减退，可能会造成暂时性的体重减轻。但过了这个时期后，孕妈妈反而会出现胃口大增的情况，从而导致过剩的热量堆积在体内造成肥胖。所以应控制甜食与油脂多的高热量食物，多摄取一些富含蛋白质、维生素和矿物质的食物。

孕妈妈在孕中、晚期应各增重 4~5 千克。从孕中期开始，每周增重不宜超过 400 克，双胎孕妈妈每周增重约 500 克。孕晚期，一般体重增长以每周 300~500 克为宜，如果每周增重超过 500 克，就必须引起注意。若体重增长过快，首先应排除是否由水肿引起的。如经过休息，水肿不消退，则可能是妊娠期高血压综合征的先兆，应引起重视。排除水肿后再判断是否因饮食过量、营养过剩导致体重增长过快。

孕期体重增长合理范围

孕前体形	BMI	单胎孕妈妈孕期增重总重量（千克）
偏瘦	<18.5	11.0~16.0
正常	18.5~23.9	8.0~14.0
超重	24.0~27.9	7.0~11.0
肥胖	≥ 28.0	<9.0

例如，孕妈妈孕前体重为 45.0 千克，身高为 160 厘米，BMI=45.0 ÷（1.6 × 1.6）≈ 17.6，即身体质量指数约为 17.6。参考上表，孕妈妈的孕前体形为偏瘦，她的孕期体重增长目标为 11.0~16.0 千克。也就是说，她孕期末体重达到 56.0~61.0 千克是比较合理的。多胎妈妈体重变化比较特殊，建议根据医生的意见，监测管理体重。

根据体形选定曲线图，监测体重增长

本书根据中国妊娠期妇女体重增加推荐值推荐的孕期体重增加的合理范围，换算出孕前不同体形孕妈妈的增重目标，制订了孕妈妈使用的体重增加曲线图。

曲线横坐标是孕周。确定孕周的方法：把末次月经开始的第 1 天作为起点，每 7 天记为 1 周，一直记到当日，称为“满 × 周”。

纵坐标是增加的体重，即用孕妈妈相应孕周的体重减去孕前体重即可。孕妈妈每周称 1 次体重，应尽量称裸重或只穿薄薄的内衣，因为外衣、鞋帽和很厚的内衣对测量数值都有一定的影响。

每次的体重增长值都应该保持在上下限之间，否则即视为不合理。当体重增长过多，应相应减少主食、肉类的摄入量，并合理运动；体重增长过少，应加强营养，特别是增加主食和高蛋白食物的摄入量，并注意休息。

孕前 BMI 偏瘦的孕妈妈增重计划

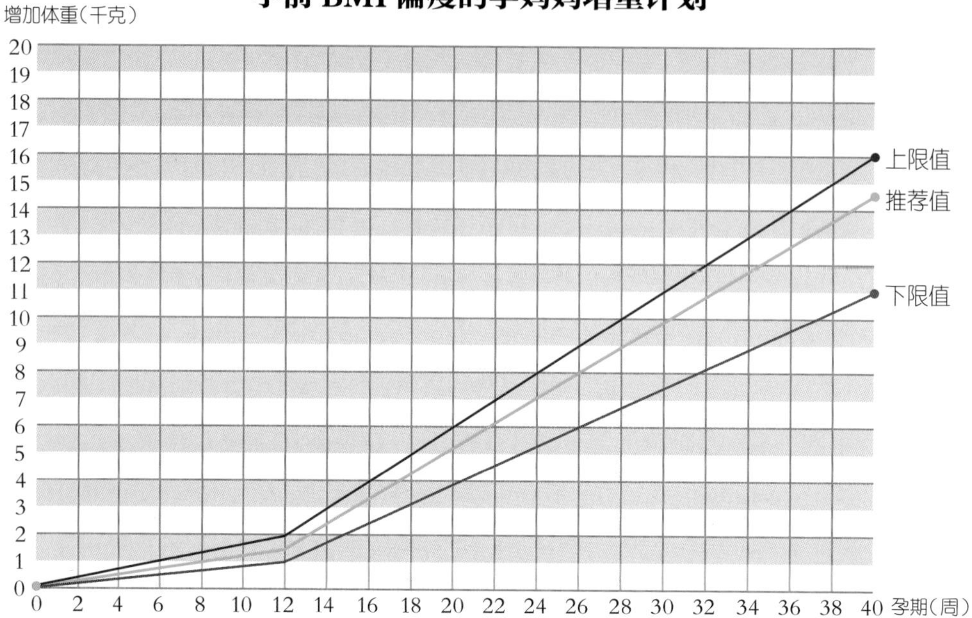

参考图中绿色曲线，在最底下的横排中找出自己的怀孕周数，再对应竖排的体重增加数。孕前BMI<18.5 属于身材偏瘦的孕妈妈，整个孕期体重增加范围为 11.0~16.0 千克。首先要在正餐中多补充优质蛋白类食物，如牛奶、鸡蛋、鸡肉、牛肉、鱼类等；其次多吃富含健康脂类和维生素的食物，如核桃、开心果等；正餐之间吃两三次零食，可选择酸奶、干果等；用含维生素 C 或胡萝卜素的果汁来代替部分白开水；避免大量摄取膳食纤维，少吃粗粮、豆类、全麦面包等食物。

孕前 BMI 正常的孕妈妈增重计划

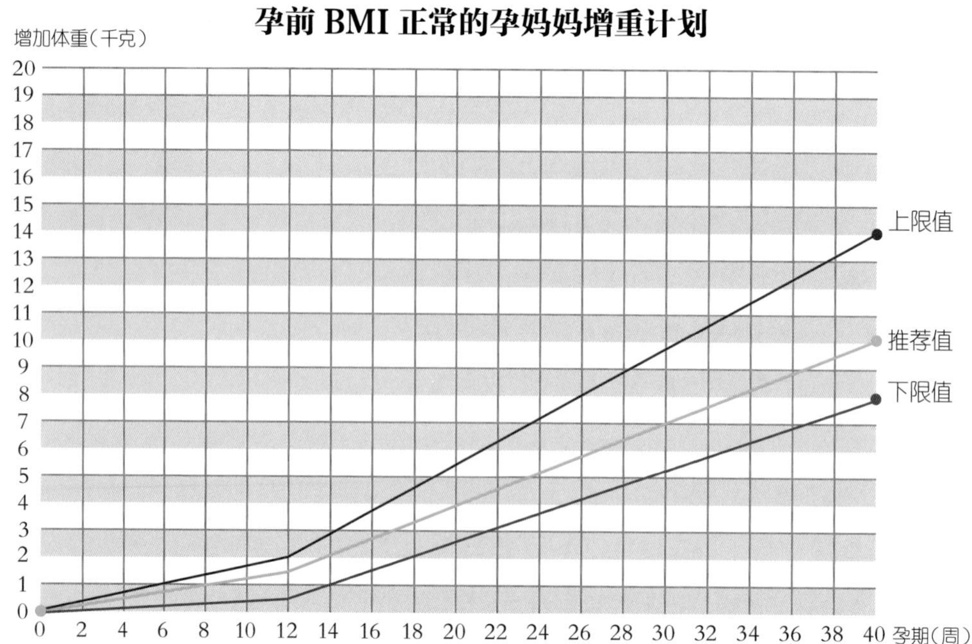

由于孕前 BMI 在 18.5~23.9 属于正常体重，所以整个孕期，体重增加范围为 8.0~14.0 千克。孕妈妈注意保持合理的饮食习惯，摄取必要的营养素，再进行合理的孕期运动，定期产检。

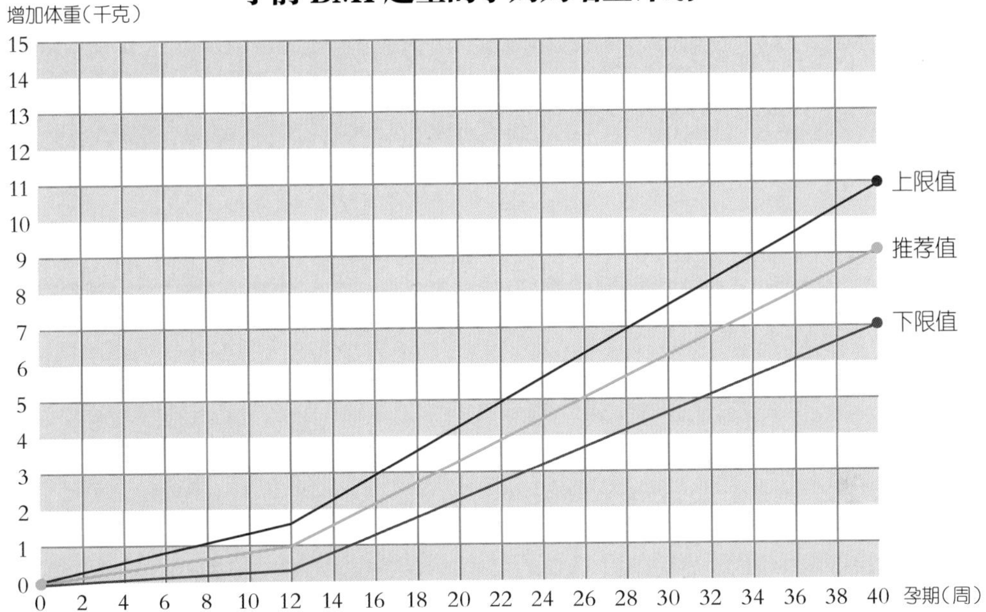

孕前 BMI 在 24.0~27.9 属于超重，整个孕期体重增加范围为 7.0~11.0 千克，孕妈妈首先饮食要规律，采取少食多餐的饮食习惯；避免喝果汁和带甜味的饮料。尽量只喝低脂牛奶、水和低热量的鲜榨果汁；避免摄取单糖，应该选择升糖指数低的食物，如全麦面包、燕麦、蔬菜等。另外，孕妈妈还要经常进行运动，每天坚持散步、慢走半小时。

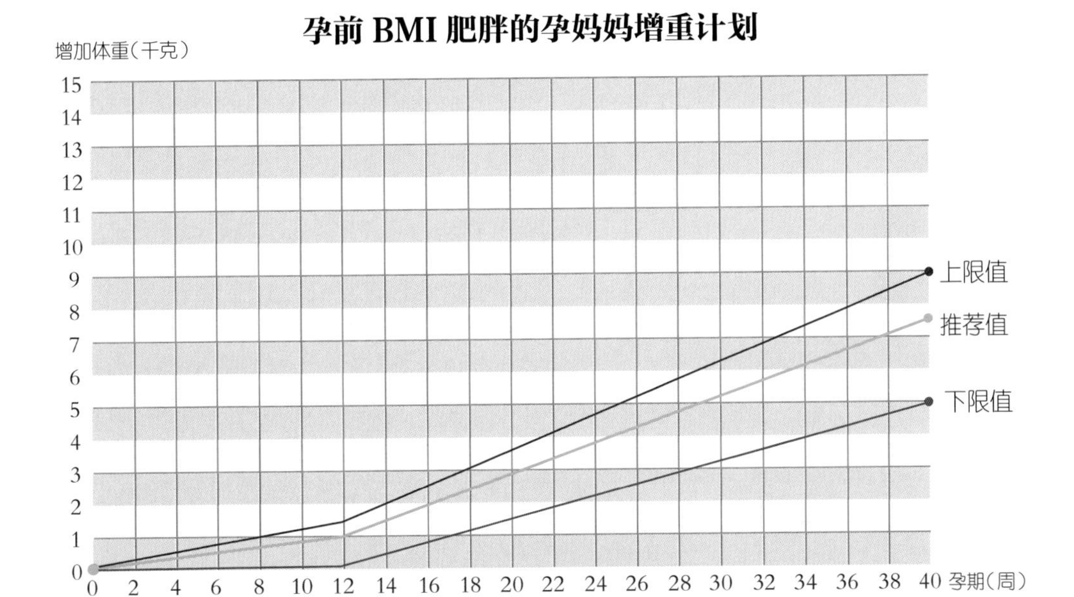

孕前 BMI ≥ 28.0 属于肥胖，整个孕期体重增长不宜超过 9.0 千克。即使体重超标，也千万不能有过度节食的想法，孕期可不是挨饿的时候。建议孕妈妈可咨询妇产科医生或营养科医生，在医生的指导下合理控制饮食摄取。

体重失控与孕期并发症密切相关

孕期是一个特殊的时期，孕妈妈的生理变化非常明显，胎宝宝的变化也与孕妈妈的变化息息相关。孕妈妈要注意营养的均衡摄取，需合理增长体重，而不是盲目进补，过多的脂肪于“胎”无益，于己更是无益，还可能会引发各种病症。

体重增长过慢，胎宝宝发育受影响

有些孕妈妈认为在孕期节制饮食，有利于产后身材恢复。她们把身材作为自己的首要关注点，坚决不允许自己的体重肆无忌惮地“疯长”下去。她们的孕期餐单食物量不仅少，而且营养很难均衡，大多以蔬菜、水果为主，甚至不允许添加肉类食物。而胎宝宝生长发育所需的养分，是由孕妈妈从食物中摄取后通过胎盘经由脐带输送而来的。如果孕妈妈缺乏营养，体重增长不够，就易发生如下并发症。

妊娠贫血。严重者会面色苍白、头晕、没有食欲、烦躁不安、手掌和指甲发白等。特别严重者则表现为低热、呼吸加快、肝脾肿大、胎儿智力受损等。

胎宝宝宫内发育迟缓。胎宝宝体重小于相应月份标准体重，生长发育会减缓甚至于停顿。这样的胎宝宝出生后就是我们平常所说的低体重儿。

体重增长过快，伤己又伤胎

俗话说：“一人吃，两人补。”这个时候孕妈妈吃得少了，胎宝宝营养就会不足，发育不良。但孕妈妈体重增长过快，不仅身材大走样，肚子上容易长妊娠纹，还会引发一些病症。

妊娠期高血压综合征。出现高血压、水肿等问题，导致胎宝宝生长发育迟滞、胎盘早剥等严重后果。

妊娠期糖尿病。高血糖不仅严重危害孕妈妈的健康，还可能导致胎宝宝体重过度增长乃至新生儿血糖过低等。

生产困难。胎宝宝超大，可能导致胎头与骨盆大小不对称，不仅会延长产程，还会引发难产，增加剖宫产手术概率。即使剖宫产，手术麻醉的风险也相对较高。手术中，由于孕妈妈腹壁脂肪过多，影响医生视野，医生较难取出宝宝。

增加胎宝宝死亡率。研究表明，孕早期肥胖的女性，发生胎死腹中或新生儿一年内夭折的风险较正常体重的女性高，胎儿畸形的风险也会增高。

结合宫高、腹围监测孕期体重增长

随着孕期的进展，孕妈妈一般会通过腹围监测自身的体重变化和胎宝宝的变化，但是腹围的增加程度受个体差异影响较大，没有一个固定标准，所以可以结合宫高一起测量，能够更加准确地监测自身的体重变化是否正常，从而了解胎宝宝发育是否正常。

宫高、腹围作为参考

相比腹围而言，宫高作为监测胎宝宝体重的参考意义更大。通过测量宫高可以发现与实际怀孕周数是否相符，如果宫高过大或过小，医生会建议孕妈妈再通过其他更精确的检查来寻找原因，比如做 B 超等。需要注意的是，有的孕妈妈孕前月经周期不规律，受孕时间较早或较晚，因此实际孕周并不符合估算出的孕周，日后产检在比较胎儿各项数据时，一定要将这个“时间差”考虑进去。如果连续 2 周宫高没有出现变化，孕妈妈要及时去医院做进一步检查。

结合 B 超预测宝宝体重

孕 22 周以后，医生会运用超声波技术，测量胎宝宝头颅大小、腹围和股骨长度等生物指标，来预估胎宝宝的体重，测评健康情况，以及决定分娩方式。但超声预测体重受许多因素影响，如宝宝体型、比重，医生的经验等。合理的误差为预估值的 ±15%，假设估计的体重为 2 千克，那胎宝宝的体重在 1.7~2.3 千克范围内。

孕周与标准宫高、腹围

妊娠周数	宫高（单位：厘米）			腹围（单位：厘米）		
	下限	上限	标准	下限	上限	标准
满 20 周	15.3	21.4	18.0	76.0	89.0	82.0
满 24 周	22.0	25.1	24.0	80.0	91.0	85.0
满 28 周	22.4	29.0	26.0	82.0	94.0	87.0
满 32 周	25.3	32.0	29.0	84.0	95.0	89.0
满 36 周	29.8	34.5	32.0	86.0	98.0	92.0
满 40 周	30.0	34.0	32.0	89.0	100.0	94.0

均衡营养，才能瘦孕

为达到孕期控制体重的目的，就需要制订特殊的营养方案，做到均衡饮食。充足均衡的营养不仅有益于孕妈妈，还能够让胎宝宝更健康地发育。

孕期营养关乎两个人的健康

营养是人类为维持基本生理功能，保持健康活跃的生活而摄取和利用食物营养素的过程。营养素指的是食物中能被人体消化、吸收和利用的营养物质。人类需要的营养素可分为 5 大类，包括碳水化合物、蛋白质、脂肪、矿物质、维生素，这是必需营养素，是机体不可缺少的物质。也有 7 大类的说法，第 6 类是水，第 7 类是食物中的膳食纤维。膳食纤维虽然不能被机体利用，但实践证明这种成分对机体具有重要的生理功能，对疾病的防治及保健有着十分重要的作用，因而不可或缺。

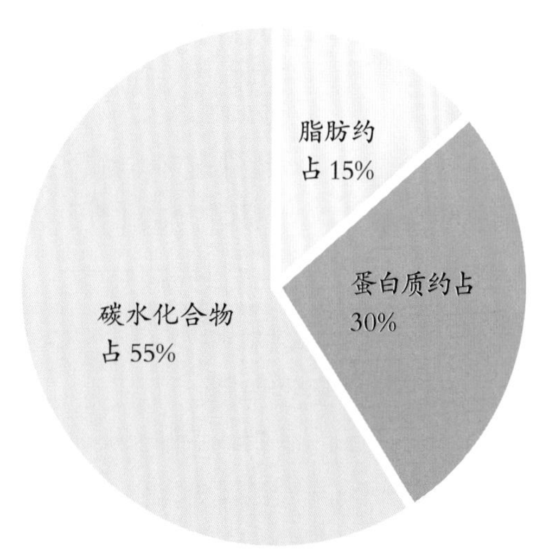

三大供能营养素的合理摄入比例

怀孕期间，孕妈妈身体会发生一系列的变化，而胎宝宝不能“主动”吃喝，只能从母体流经胎盘的血液中汲取营养物质。只有孕妈妈得到丰富而均衡的营养，适应在妊娠期各个阶段生理上的变化，才能保证母子的健康。

孕期体重增加约 11 千克

在怀孕期间，孕妈妈体重要增加约 11 千克，其中胎宝宝的重量约占 3.3 千克，胎盘约占 600 克，羊水约占 800 克，子宫增大约占 900 克，乳房增大约占 400 克，血容量增加约占 1.2 千克，再加上堆积于全身的水分与脂肪，也会造成体重增加。在孕晚期，孕妈妈体内还贮存一定量的钙和铁以及其他营养素，以满足产后哺乳的需要。这样大幅度的物质积累，全部依靠孕妈妈在怀孕期间的营养补充。

胎宝宝不断从母体吸收营养

妊娠开始时，一个受精卵的重量大约只有 0.5 微克，经过 40 周，胎儿的体重平均将达到 3.3 千克。也就是说，在短短的 280 天内，从一个受精卵到成熟的胎儿，重量上的巨大变化，都是从母体吸收了丰富营养的结果。

TIPS

研究表明，人类脑细胞的分化和增殖贯穿整个孕期，其旺盛时期是在母体的最后 3 个月和出生后 1 年左右。脑组织的发育过程在多方面是不可逆的，一旦形成将伴随终身。孕妈妈通过合理饮食，能够促进胎宝宝大脑组织的正常发育，为胎宝宝出生后拥有良好的智力奠定坚实的基础。

食物的分类及营养成分

五谷类	动物类	大豆及其制品
包括米、面、杂粮、干豆（如红豆、绿豆等），这类食物含淀粉多，是热量的主要来源，此外还提供蛋白质、B 族维生素、膳食纤维等。	包括畜禽肉、水产品、蛋、动物内脏等，这类食物是优质蛋白质、脂肪、矿物质、维生素 A 和 B 族维生素的重要来源。	大豆主要指的是黄豆，其含有丰富的蛋白质和油脂，富含亚油酸和磷脂，是必需脂肪酸的重要来源。
奶及奶制品	**蔬菜水果类**	**油脂和调味品**
主要提供优质蛋白质、维生素 A 和维生素 B_2，特点是钙含量高且利用率高。	主要提供维生素、无机盐及膳食纤维，一般提供的热量较少。	包括动、植物油脂，食用糖、盐等调味品。

什么是平衡膳食

所谓平衡膳食即合理膳食，主要指该膳食提供的必需营养素种类齐全，数量和比例合适，并能保持营养素之间的平衡，以满足人体生长发育和保持健康所需。换句话说，凡是能提供合理营养，或膳食营养质量得到保证的膳食就是平衡膳食，它的重要性在于能满足不同人群对热能和营养的需求，以保障生命活动，促进生长发育，提高免疫功能，预防营养性疾病。一日三餐只有按照科学的搭配原则来安排，才能更接近合理营养这一理想状态，最终达到强身健体、健康长寿的目的。

平衡膳食四原则

要做到平衡膳食并不是一件容易的事情，如果吃得很随便，或只凭口味挑选食物，就会妨碍平衡膳食的安排。做好平衡膳食，必须遵循以下四条原则。

食物多样化	适量	个体化	食物均衡性
世上没有任何一种食物能提供人体所需的全部营养，只有保证饮食多样化才能获得丰富的营养，一般每天食物的品种最好保持在15~20种，提倡将多种食物混合烹饪，如炒三丁、杂烩等，可较理想地达到多样化的要求。	营养学家把油脂和糖这一类食品称为高能量食品，“节俭”地食用这些食品，对防治现代文明病，如高血压、肥胖、糖尿病及心血管疾病大有裨益。	每个人的体质不同，如内热重的人应多选平性或寒凉性的食物，脾胃虚寒的人应多选温热性或平性的食物。	每天的食物一定要做到荤素搭配，粗细搭配，动物蛋白质和植物蛋白质搭配，蛋白质和蔬菜水果搭配，这样才能均衡营养。

TIPS

超重或活动量小的孕妈妈要控制食物摄入量，少吃油腻以及高糖食物。

偏瘦或活动量较大的孕妈妈要适当增加进食量和油脂的摄入量，以维持身体正常的生理活动及适宜的体重增长。

均衡饮食：高营养，低热量

控制体重要讲究方法，首先要做到均衡饮食。谷类、豆类、肉类、奶类、蔬菜类、水果类等各种食物一样不能少，这些食物是胎宝宝生长发育的基本保证。但要在选择食物品种和数量上下些功夫，尽量选择那些营养价值较高，而热量较低的食物品种。

主食	可选择血糖生成指数较低或膳食纤维含量较高的谷类代替一部分精白米面，如荞麦、燕麦等，可以减轻饥饿感并且降低餐后血糖。
肉类	多选择高蛋白、低脂肪的肉类，如鱼、虾、去皮禽类，尽量少吃五花肉、蹄髈、内脏等热量较高的肉类。
奶类	用低脂牛奶、低脂酸奶或低脂肪的孕妇配方奶粉代替全脂牛奶或特浓牛奶。
蔬菜	高淀粉的根茎类蔬菜如土豆、芋头等要适当少选，宜多选绿叶蔬菜及菌菇类。
水果	最好选择低糖分水果，如柚子、火龙果等，高糖分水果如提子、菠萝蜜等应控制食用量，每天总量不宜超过 400 克。
其他	应减少摄取高油脂、高糖分、高热量食物，如奶油、荤汤、油煎炸食物及各类甜品（如蛋糕、糖果、巧克力等）。

孕期每天饮食清单

时间	粗粮	蔬菜	水果	鱼虾	禽畜肉	蛋类	奶类	豆制品	坚果
周一									
周二									
周三									
周四									
周五									
周六									
周日									

注：每天每吃一类食物就在相应食物下打“√”，9 类有“√”为最佳；6 类有“√”及以上为合格；小于等于 5 类有“√”，最好次日及时弥补。

运动是控制孕期体重增长的有效途径

其实只要孕妈妈学习一些孕期营养的知识，了解自己的身体情况，管理好饮食，根据孕期的不同阶段合理规划运动方案，选择适合自己的运动，并一直坚持，也可以做到“长胎不长肉”。

孕期适宜的运动方式

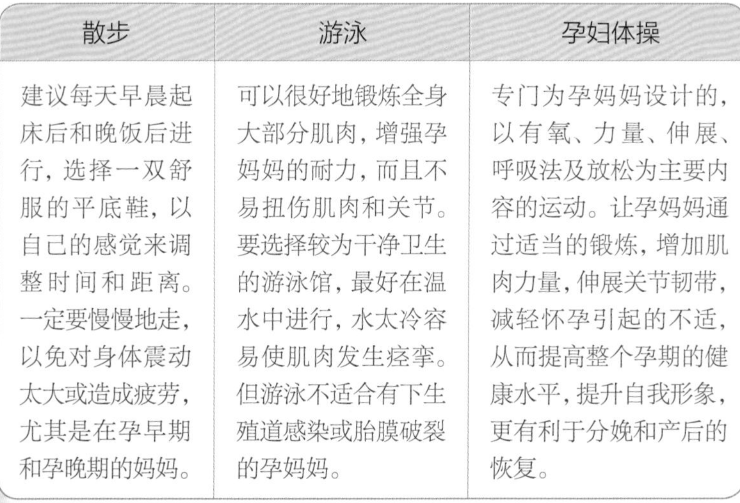

散步	游泳	孕妇体操
建议每天早晨起床后和晚饭后进行，选择一双舒服的平底鞋，以自己的感觉来调整时间和距离。一定要慢慢地走，以免对身体震动太大或造成疲劳，尤其是在孕早期和孕晚期的妈妈。	可以很好地锻炼全身大部分肌肉，增强孕妈妈的耐力，而且不易扭伤肌肉和关节。要选择较为干净卫生的游泳馆，最好在温水中进行，水太冷容易使肌肉发生痉挛。但游泳不适合有下生殖道感染或胎膜破裂的孕妈妈。	专门为孕妈妈设计的，以有氧、力量、伸展、呼吸法及放松为主要内容的运动。让孕妈妈通过适当的锻炼，增加肌肉力量，伸展关节韧带，减轻怀孕引起的不适，从而提高整个孕期的健康水平，提升自我形象，更有利于分娩和产后的恢复。

注：孕妈妈在运动时，尤其是在室外运动，一定要有人陪，以防出现腿抽筋等意外情况。

开始锻炼时，运动量要小，逐渐增加到自己认为较适合的量。怀孕的最后 2 个月，胎宝宝生长迅速，运动量应适当减少，可做些放松肌肉的运动。如果感到疼痛、抽搐或气短，应停止锻炼。恢复锻炼时，要慢慢来，以每天 1 次，每次半小时为宜。

孕妈妈营养情况自测

下面提到的一些症状，如果孕妈妈在孕前和孕期经常遇到，每 1 种可以计得 1 分。如果孕妈妈出现了加粗标明的任何一种症状，则得 2 分。很多症状出现的频率都可能超过 1 次，因为这种症状是由多种营养素缺乏引起的。将孕妈妈所得到的分值记录在下面的括号内。

营养缺乏情况自测表

维生素 A	维生素 D	维生素 E	维生素 C	维生素 B_1	维生素 B_2
夜视能力欠佳 痤疮 **频繁感冒或感染** 皮肤薄、干燥 有头皮屑	**关节炎或骨质疏松** 背部疼痛 龋齿 脱发 **肌肉抽搐或痉挛** **关节疼痛或僵硬** 骨质脆弱	性欲低下 **易发生皮下出血** 静脉曲张 皮肤缺乏弹性 肌肉缺乏韧性 伤口愈合缓慢 **轻微锻炼便筋疲力尽**	**经常感冒** 缺乏精力 **经常被感染** 牙龈出血或过敏 容易发生皮下出血 流鼻血 伤口愈合缓慢 皮肤出现红疹	脚气病 肌肉松弛 眼睛疼痛 易怒 手部、脚部刺痛 记忆力差 胃痛 便秘 心跳快速	**眼睛充血、灼痛或沙眼** **对亮光敏感** 舌头疼痛 白内障 头发过干或过油 湿疹或皮炎 指甲开裂 嘴唇干裂
得分( )	得分( )	得分( )	得分( )	得分( )	得分( )

维生素 B_{12}	叶酸	α- 亚麻酸	钙	铁	锌
头发状况不良 湿疹或皮炎 易怒 焦虑或紧张 **精神抑郁** 便秘 肌肉疼痛 肤色苍白 **四肢震颤**	湿疹 嘴唇干裂 **先兆早产** 焦虑或紧张 记忆力差 **脸色苍白** 抑郁 食欲缺乏 胃痛	**皮肤干燥或有湿疹** 头发干燥或有头屑 有炎症，如关节炎 过度口渴或出汗 水分潴留 经常感染 记忆力差 高血压或高脂血症 乳房疼痛	**抽筋或痉挛** 失眠或神经过敏 **关节疼痛或关节炎** 龋齿 高血压	**肤色苍白** 舌头疼痛 疲劳或情绪低落 食欲缺乏 **经血过多或失血**	**味觉或嗅觉减退** 经常发生感染 **胎儿发育迟缓** **痤疮或油性皮肤** 两个以上的手指甲有白斑 皮炎
得分( )	得分( )	得分( )	得分( )	得分( )	得分( )

注：孕妈妈在现有得分的基础上还要根据具体的营养素情况加上一定分值，才是最终得分。维生素 D+1、维生素 B_{12}+2 、叶酸 +2、α- 亚麻酸 +2 、钙 +2 、锌 +2，根据这个原则计算每一种营养素的总分值。营养素所得的分值越高，说明孕妈妈对这种营养素的需求越大。

孕早期营养需求与饮食要点

孕早期是胎宝宝从受精卵发育为人形的阶段，也是神经系统发育的重要阶段。孕早期，孕妈妈的饮食应做到营养均衡，在此基础上要重点注意叶酸、维生素 A、碘等营养素的补充，因为缺乏时可直接影响到胎宝宝发育，特别是智力发育。

孕早期不宜大补特补

孕早期是指孕期的前 3 个月（孕 1~12 周）。在此期间，胚胎的生长发育速度缓慢，每天在母体内约增重 1 克。母体的有关组织及胎盘增长变化不明显，对热量的需要与怀孕前相似。在这一时期，孕妈妈需要摄取足量的叶酸，膳食调配上应多样化，营养要丰富全面，以清淡、少油腻为主，不宜大量进补。

多吃含有叶酸的食物

富含叶酸的食物有三文鱼、金枪鱼、小麦胚芽、芦笋、菠菜及其他绿色蔬菜等。孕妈妈应当每天保证摄入 400 克蔬菜，且 1/2 以上为新鲜绿叶蔬菜，以保证叶酸的摄取量。此外，还应每天补充 400 微克的叶酸补充剂。因为约有半数孕妈妈由于体内激素的作用、内环境的改变，常会有恶心、呕吐或食欲不振等不适。虽然这些症状一般从怀孕的第 6 周开始至第 12 周消失，但往往会改变孕妈妈的饮食习惯，影响营养素的摄入。

TIPS

特别需要注意的是，叶酸属于水溶性维生素，建议烹调蔬菜时多用洗净生食或大火快炒的方式，用水煮等烹饪方法易使叶酸流失。

应对早孕反应的饮食措施

（1）早晨可进食干的食物，如馒头、面包干、苏打饼干等，以防止胃酸反流。

（2）避免食用油炸食品和过甜食品，以减少胃酸过度分泌。

（3）可适当补充复合 B 族维生素及维生素 C，以减轻早孕反应。

孕早期务必营养全面

孕早期的膳食应是营养全面、经过合理调配的平衡膳食，孕早期妈妈所需营养与怀孕前的相似。具体如下：

保证优质蛋白质的供给

最好选用容易消化、吸收利用的优质蛋白质，如畜禽肉类、乳类、蛋类及豆制品。每天最好能保证55克蛋白质，相当于200克莜麦面加1个鸡蛋、50克瘦肉、50克鱼虾、300克牛奶、20克大豆。

合理补充脂肪

孕妈妈要补充适量的脂肪，如各种植物油、坚果等，为胎宝宝发育提供能量。另外，海鱼、海虾中含有许多不饱和脂肪酸，对胎宝宝的大脑发育尤为有益。

保证适当的碳水化合物供给

每天应进食130克以上碳水化合物，相当于170~180克米饭或500克红薯，以免因饥饿导致孕妈妈血液中酮体蓄积。酮体若蓄积在羊水中，被胎宝宝吸收，将对胎宝宝大脑产生不良影响。

保持充足维生素C摄入

孕妈妈因代谢改变和妊娠反应，应补充充足的维生素，如味觉异常、经常呕吐，可补充B族维生素及维生素C；严重呕吐者应多吃蔬菜、水果等碱性食物，以防酸中毒。对于刚怀孕的孕妈妈来说，多吃一些富含维生素的水果，如苹果、香蕉、樱桃、草莓等，不但可以减轻妊娠反应，促进食欲，而且对胎宝宝的健康发育也有好处。孕期维生素C的推荐量为每天100~115毫克，可满足这个需求量的有：半个番石榴，或2个猕猴桃，或200克草莓，或1个柚子，或300克木瓜，或150克菜花，或250毫升橙汁。

充足的微量元素

孕早期某些微量元素缺乏，如缺锌、缺碘等，容易导致胎宝宝生长迟缓、骨骼和内脏畸形，并且影响中枢神经细胞发育。富含锌、铜、铁等矿物质的食物有畜禽肉类及其内脏、核桃、芝麻等。碘是合成甲状腺素的原料，含碘丰富的食物有海带、紫菜、裙带菜等，建议孕妈妈每周摄入1~2次富含碘的海产食品，每次50~100克(水发)为宜。

孕早期一日食谱举例

餐次	菜谱	原料
早餐	牛奶 1 杯 烤馒头片 2 片 肉松 2 茶匙	牛奶 250 毫升 标准粉 75 克，芝麻适量 肉松 10 克
加餐	核桃 2 个	核桃 15 克
午餐	米饭 1 碗 芹菜豆腐干炒牛肉丝 1 份 海米炒油菜 1 份 紫菜鸡蛋汤 1 份	大米 100 克 芹菜茎 100 克，豆腐干 20 克，牛肉丝（瘦）25 克 油菜 150 克，海米 5 克 紫菜（干）5 克，鸡蛋 1 个（50 克）
加餐	芦柑 1 个	芦柑 100 克
晚餐	花卷 1 个 小米粥 1 碗 清蒸鳊鱼 1 份 拌白菜心 1 份	标准粉 50 克 小米 50 克 鳊鱼 50 克 白菜心 150 克，海蜇肉（干）6 克，香醋 5 克
加餐	红枣银耳羹	红枣（干）10 克，银耳（干）10 克

注：①全日烹调用油约 20 克，盐、糖适量。
②早、午、晚餐分别约占全天热量的 29%、39%、32%。
③维生素、无机盐基本达到孕早期轻体力劳动孕妈妈的推荐供给量。

孕中期营养需求与饮食要点

孕中期是胎宝宝快速生长发育阶段，需要大量的营养物质。孕妈妈的早孕反应减轻，食欲好转，必须加强营养摄入，尤其是增加蛋白质、钙、铁、维生素 C、DHA 等的摄入量，全面均衡的营养对胎宝宝的发育至关重要。

孕中期注意补充蛋白质和铁

孕中期是指孕期的第 4~7 个月（孕 13~28 周），此时孕妈妈妊娠反应减轻，食欲趋于好转。胎宝宝迅速发育，到 28 周时胎儿体重可达 1 000 克，平均每天增重 10 克左右。孕中期胎儿脑发育迅速，主要为脑细胞数目的增加，第 26 周时脑细胞 DNA 分裂达到第一个高峰期。孕妈妈体重迅速增加，基础代谢增加，可能会出现生理性贫血。

另外，孕中期孕妈妈所需要的蛋白质比平常女性多 20%~30%。如果蛋白质摄入不足，孕妈妈可能会出现贫血等症状，胎宝宝也可能会体重不足。所以，孕妈妈要多吃富含蛋白质的食物，如牛奶、鸡蛋、肉类、鱼类、豆制品等。孕中期，为了给胎宝宝迅速发育提供充足的营养，孕妈妈还要多吃绿叶蔬菜，来补充维生素和矿物质；适量吃一些动物肝脏，可以有效补充铁和维生素 A，预防缺铁性贫血。在冬天还可以多吃一些芝麻、核桃仁、黑糯米、红枣和红豆等，吃全谷类可以补充维生素 B_1。

孕中期饮食 9 个“1”

在孕中期，胎宝宝生长发育速度较快，对营养素的需求也在增多，既要保证胎宝宝正常的生长发育，又不至于营养过剩，孕妈妈需尽量做到 9 个“1”的标准。

1 份豆制品（约 50 克豆腐）

大豆及其制品蛋白质含量较高，而且是一种能与肉类相媲美的优质植物蛋白质。大豆中含有两种妨碍蛋白质消化的因素，即抗蛋白酶和膳食纤维，经过水泡、碾磨、过滤、煮沸等制备过程制成豆制品后，其蛋白质的消化率大大提高。豆制品除了含有优质蛋白之外，还含有丰富的大豆卵磷脂和亚油酸等营养素，对促进胎宝宝大脑发育有一定的作用。所以孕妈妈可以每天吃 50 克豆腐，或者 200 毫升豆浆，或者 25 克豆腐干。

1 份植物油（约 25 克）

植物油富含亚油酸、亚麻酸等必需脂肪酸，必需脂肪酸是细胞膜和中枢神经系统髓鞘化的物质基础。孕中期胎宝宝机体和大脑发育速度加快，对必需脂肪酸的需要增加，所以烹调最好选择植物油，如大豆油、芝麻油、菜籽油等。此外，孕妈妈还可选择摄入些葵花子、黑芝麻、核桃等必需脂肪酸含量较多的食物。值得注意的是，植物油及坚果类食物含有的热量非常高，孕妈妈不应过量食用。坚果以每天约 10 克为宜。

1700~1900 毫升饮水量

为了满足循环和消化的需要，并保持皮肤的健康，孕妈妈每天要喝 6~8 杯水（1700~1900 毫升）。但到了孕晚期，如出现水肿，则应适当控制饮水量，以少于 1700 毫升为宜，以免加重妊娠水肿症状，防止妊娠期高血压综合征的发生。

1 份主食

孕妈妈每天应吃 250~400 克的主食，如米饭、面条、包子等。注意做到粗细搭配，不要总吃一些过于精细的米面，否则容易缺乏 B 族维生素；煮饭时应注意不要加碱，不要丢弃米汤，以减少维生素的损失。孕妈妈应根据体重的增长和活动量的大小调整饭量，如体重增长过快，应适当减少主食量，以一餐一碗（约 100 克）为宜。但每天不能少于 250 克，否则机体将消耗蛋白质和脂肪来供应能量，既不经济，又加重肝肾的负担。

1 份蔬菜（约 500 克，绿叶蔬菜应占 1/2 以上）

蔬菜是维生素和矿物质的天然来源，并提供人体所需的膳食纤维。蔬菜按其结构可分为叶菜类、根茎类、瓜茄类、鲜豆类等。各类蔬菜营养素含量不同，一般颜色越深的蔬菜营养价值越高。所以，应注意首选新鲜、色泽深的蔬菜，如青菜、荠菜等；其次可选红黄色的蔬菜，如胡萝卜、番茄等，因为其含有的胡萝卜素较多。茭白、竹笋等白色蔬菜，营养价值不高，而且含有较多的草酸，易与钙形成难以被人体吸收的草酸钙，不利于钙的吸收利用，孕妈妈食用这类蔬菜时应要避免与含钙高的食物或钙片同时服用。

1 个鸡蛋(或 1 个鸭蛋，或 4~5 个鹌鹑蛋）

鸡蛋的蛋白质组成模式与人体较为接近，吸收利用率在动物性食品中也较高，而孕妈妈自孕中期开始对蛋白质的需求有所增加。鸡蛋蛋黄中还含有丰富的卵磷脂，卵磷脂是促进胎宝宝脑发育的必需物质，所以每天保证 1 个鸡蛋非常重要。

TIPS

鸡蛋烹调方法以煮全蛋、蒸蛋羹、做蛋花汤较好，营养素损失不大。煎鸡蛋在高油温下容易损失维生素 B_2，热量也过高，所以不宜常吃。如果不吃鸡蛋，可以用鸭蛋或 4~5 个鹌鹑蛋代替，鹌鹑蛋的卵磷脂、铁以及 B 族维生素含量比鸡蛋更高，有很高的营养价值。

150~200克肉类（瘦肉、禽肉、水产品、动物血等）

肉类食物蛋白质含量较高，为10%~20%，而且容易消化吸收，是优质蛋白质的重要食物来源。在不少人的概念中，肉似乎指的就是猪肉，实际上还包括牛肉、羊肉、鱼肉、动物内脏等。对孕妈妈来说，肉类的选择可以参照这样的谚语，即“先选没有腿的，再选两条腿的，最后选四条腿的”。

没有腿的动物	两条腿的动物	四条腿的动物
通常指海鱼、河鱼等水产品。鱼肉不仅蛋白质含量比较多，而且肌肉纤维短，肉质松软细嫩，容易被咀嚼、消化和吸收；鱼类的脂肪含量较少，而且含有大量的不饱和脂肪酸，特别是含有直接促进胎儿脑发育的DHA（俗称“脑黄金”）。鱼类有这么多的营养优势，建议孕妈妈一周吃2或3次。	一般指鸡、鸭、鹅等禽类，它们同样具有蛋白质含量较高的优点。传统观念认为鸡汤更滋补，所以有些孕妈妈只喝鸡汤不吃鸡肉。其实，炖汤后大部分蛋白质仍留在鸡肉里，汤中只有少量的氨基酸，虽然味道鲜美，但实际营养价值并没有鸡肉高。所以孕妈妈应该既喝汤又吃肉。	一般指猪、牛、羊等畜肉类。其中猪肉含脂肪量较多，即使是瘦猪肉也如此。所以较胖的孕妈妈最好不要吃太多的猪肉，特别是脂肪含量较高的五花肉、蹄髈、内脏等，而应选择脂肪含量较少的瘦牛肉、兔肉等。对于有特殊营养价值的血制品及动物内脏，一周可食用1或2次，但动物内脏总量1次不要超过100克。

TIPS

体重增长较快的孕妈妈，最好不要选择用老母鸡炖汤。因为老母鸡的油脂较多，只会越喝越胖。此外，鸡皮、鸭皮含胆固醇较多，尽量少吃或不吃。

1~2 个水果（200~400 克）

水果中含有较多的维生素、果糖和胶质，因口感香甜、水分充足，深得人们的喜爱，特别是孕妈妈大都认为多吃水果可以使孩子皮肤白，对水果来者不拒。其实，水果中含有大量的果糖和蔗糖，如大量食用，此类糖分消耗不掉，极易转化为脂肪，导致孕妈妈体重增长过度。所以，每天 1~2 个（200~400 克）水果的标准较为适合。建议在两餐饭之间食用水果，既可补充营养，又可帮助消化。

1~2 杯牛奶（250~500 毫升）

奶类是营养成分齐全、容易消化吸收的优质食物，富含的蛋白质能够提供人体多种氨基酸，维持孕妈妈健康，促进胎宝宝发育生长。牛奶中脂肪约占 3%，且牛奶富含熔点较低的脂肪酸和不饱和脂肪酸，同时颗粒非常细小，容易消化吸收。牛奶中含有较多的钙、镁、钾等无机盐，唯一缺点是含铁量较少。牛奶中的钙特别容易吸收，因此牛奶是钙的较好来源，建议孕妈妈每天能喝 1~2 杯牛奶。

此外，一周可选择吃一些菌藻类食物，相同食物类别注意互换食物品种，做到食物多样化，才能保证充分又均衡的营养。

TIPS

中医认为牛奶味甘性平，生津润肠，可用于缓解便秘。但如果烧开后饮用，反而容易出现便秘上火的症状。所以孕妈妈喝牛奶前，只需将牛奶放入微波炉中火加热 30 秒即可。这样的加热方法，不仅不会让人上火，还能较好地保存牛奶中的营养成分。

孕中期一日食谱举例

	餐次	菜谱	原料
方案一	早餐	红豆小米粥 1 碗 馒头 1 个 牛奶 1 杯	红豆 10 克，小米 50 克 标准粉 50 克 牛奶 250 毫升
	加餐	芦柑 1 个	芦柑 100 克
	午餐	米饭 1 碗 菠菜炒猪肝 1 份 番茄鸡蛋汤 1 份 炒豌豆苗 1 份	大米 100 克 菠菜 150 克，猪肝 25 克 番茄 100 克，鸡蛋 1 个（50 克） 豌豆苗 50 克
	加餐	牛奶 1 杯 饼干 2 片	牛奶 250 毫升 饼干 25 克
	晚餐	米饭 1 碗 金针菇拌海带 1 份 红烧排骨 1 份 鲫鱼豆腐油菜汤 1 份	大米 100 克 海带（干）5 克，金针菇 100 克 猪排骨 50 克 鲫鱼 50 克，油菜 100 克，豆腐 50 克

注：①全日烹调用油约 25 克，盐、糖适量。
②表早、午、晚餐分别约占全天热量的 26%、38%、36%。
③维生素、矿物质基本达到孕中期轻体力劳动孕妈妈的推荐供给量。

	餐次	菜谱	原料
方案二	早餐	燕麦片牛奶 1 杯 麻酱花卷 1 个 五香鹌鹑蛋 5 个	牛奶 200 毫升，燕麦片 50 克 标准粉 50 克，芝麻酱 10 克 鹌鹑蛋 50 克
	加餐	猕猴桃 1 个	猕猴桃 50 克
	午餐	红豆米饭 1 碗 黑木耳肉末豆腐 1 份 素炒油菜薹 1 份 萝卜鲫鱼汤 1 份	红豆 10 克，大米 90 克 黑木耳（干）5 克，猪瘦肉 25 克，豆腐 50 克 油菜薹 100 克 白萝卜 200 克，鲫鱼 50 克，香菜 10 克
	加餐	酸奶 1 杯 苹果 1 个	酸奶 200 毫升 苹果 150 克
	晚餐	米饭 1 碗 青椒炒鳝片 1 份 西蓝花炒杏鲍菇 1 份 紫菜虾皮汤 1 份	大米 100 克 青椒 100 克，黄鳝 50 克 西蓝花 100 克，杏鲍菇 50 克 紫菜（干）5 克，虾皮 5 克

注：①全日烹调用油约 25 克，盐、糖适量。
②维生素、矿物质基本达到孕中期轻体力劳动孕妈妈的推荐供给量。

孕晚期营养需求与饮食要点

孕晚期，胎宝宝生长加速，是脑细胞增殖的敏感期，孕妈妈体重增长也更快。营养要求比孕前增加 20%~40%，蛋白质、钙、铁的摄入量都要多于孕中期。在进食量增加的同时，孕妈妈要预防脂肪大量堆积。

孕晚期体重增长迅速，小心胎宝宝过大

孕晚期是指孕期的最后 3 个月（孕 29~40 周），这一时期胎宝宝生长迅速，胎宝宝体重在 28 周只有 1 千克，到 40 周时却能达到 3 千克以上。孕晚期，孕妈妈对蛋白质的贮备也最多，所以应注意优质蛋白质的摄入。孕晚期，孕妈妈的体重增长较为迅速，应控制在每周 400 克以下，以免胎宝宝长得过大，影响分娩。

注意补充钙和铁

孕晚期，胎宝宝肝脏贮存铁较多，如果孕妈妈铁贮存量不足，会影响胎宝宝体内铁的贮存，产后妈妈和宝宝都易患缺铁性贫血。另外，孕妈妈在孕晚期对钙的需要量显著增加，除了自己体内贮存一定的钙之外，胎宝宝体内一半以上的钙是在最后 2 个月贮存的，所以孕妈妈在孕晚期应补充充足的矿物质和维生素，尤其是钙和铁，推荐每天钙的供给量为 1 000 毫克。

孕晚期的饮食注意要点

孕晚期，由于胎宝宝生长，子宫压迫胃部，孕妈妈的食量反而减少，往往吃较少的食物就有饱腹感，但实际上并未能满足机体的需要。因此，这个时期选择的食物可参考以下标准。

（1）体积小，营养价值高的食物，如动物性食物等。	（2）避免辛辣、咖啡、酒类等刺激性食物。	（3）应以少食多餐为原则，每天吃 4 或 5 餐。
（4）每天的膳食组成可在孕中期基础上再增加 1 杯牛奶及 50 克禽肉、鱼、蛋类。	（5）调味应清淡，应适当控制盐的用量，有水肿的孕妈妈食盐量限制在每天 5 克以下。	（6）对一些高热量的食物，如白糖、蜂蜜等甜食，宜少吃或不吃。

孕晚期一日食谱举例

	餐次	菜谱	原料
方案一	早餐	牛奶燕麦片粥 1 碗 香蕉鸡蛋饼 1 份	燕麦片 50 克，牛奶 250 毫升 香蕉 100 克，鸡蛋 1 个（50 克），标准粉 50 克
	加餐	橙子 1 个	橙子 150 克
	午餐	米饭 1 碗 青椒土豆丝 1 份 拌黄瓜 1 份 清蒸带鱼 1 份 冬瓜瘦肉汤	大米 100 克 土豆 100 克，青椒 100 克 黄瓜 100 克 带鱼 50 克 冬瓜 100 克，猪瘦肉 25 克
	加餐	酸奶 1 杯	酸奶 100 毫升
	晚餐	荞麦面条 1 碗 素炒三丁 1 份 盐水鸭 1 份 菜秧豆腐皮汤 1 份	荞麦 65 克 玉米（鲜）40 克，胡萝卜 40 克，豌豆 40 克 盐水鸭 50 克 菜秧 100 克，豆腐皮 15 克
	加餐	苹果 1 个	苹果 100 克

注：①全日烹调用油约 20 克，盐、糖适量。
②维生素、矿物质基本达到孕晚期轻体力劳动孕妈妈的推荐供给量。

	餐次	菜谱	原料
方案二	早餐	南瓜小米粥 1 碗 虾仁蒸饺 2 个 酸奶 1 杯	南瓜 50 克，小米 30 克 标准粉 50 克，虾仁 15 克 酸奶 100 毫升
	加餐	芦柑 1 个	芦柑 100 克
	午餐	米饭 1 碗 青椒胡萝卜炒猪肝 1 份 蘑菇鲫鱼汤 1 份 清炒豌豆苗 1 份	大米 100 克 青椒 100 克，胡萝卜 50 克，猪肝 25 克 鲫鱼 50 克，蘑菇 50 克 豌豆苗 100 克
	加餐	核桃豆浆 1 杯 全麦面包 2 片	豆浆 200 毫升，核桃 15 克 全麦面包 35 克
	晚餐	米饭 1 碗 凉拌菠菜 1 份 红烧牛肉 1 份 番茄紫菜鸡蛋汤 1 份	大米 100 克 菠菜 100 克 牛肉 55 克 番茄 100 克，紫菜（干）5 克，鸡蛋 1 个（50 克）
	加餐	牛奶 1 杯 猕猴桃 1 个	牛奶 250 毫升 猕猴桃 50 克

注：①全日烹调用油约 25 克，盐、糖适量。
②维生素、矿物质基本达到孕晚期轻体力劳动孕妈妈的推荐供给量。

职场孕妈妈如何均衡饮食

职场孕妈妈午餐怎么吃？对那些离家远、中午无法回家吃饭的孕妈妈来说，这是个问题。基本上，现在的职场孕妈妈吃午餐多为吃食堂、出去吃、叫外卖、自己带便当等几种情况，身为孕妈妈的你属于哪一类？

早餐一定要吃

有条件的话就在家吃，自带早餐的话，袋装牛奶、全麦面包、小饼干、坚果、新鲜水果，都是便于携带的好选择。

留出水果时间

孕妈妈在饭前或者饭后半小时吃些水果，可以适时补充维生素及水分。

午饭要吃好

吃食堂

食堂的好处就是能保证按时进餐，但是食堂毕竟是供大多数员工用餐的，孕妈妈在点餐的时候，注意挑选适合自己吃的饭菜。

慎吃油炸食物：油炸食物不仅含有害物质，还会让孕妈妈摄入过多的脂肪。

拒绝味重食物：辛辣、口味重的食物应拒绝。

不要重复：不要只点自己爱吃的菜，要从营养的角度出发来选择食物，不要执着于口味的要求。

了解汤水原料：问清楚汤水的用料。

出去吃或叫外卖

如果孕妈妈中午固定出去吃，记得自带餐具，卫生又环保。

在餐馆里点餐，可以告诉厨师不放味精、辛辣的调料，食用低油烹饪的菜品。如果最近早餐喝豆浆比较多，那么在点餐的时候可以选择浇淋牛奶的甜品。

谨慎选择饮品。尽量选择矿泉水或鲜榨果汁，而含咖啡因或酒精的饮料要避免饮用。

自己带便当

食物挑选原则：携带方便、含孕期所需营养。通常一道主菜、两道副菜的营养就已足够。

最好当天早上现做。烫、煮、凉拌的方式可以避免便当菜回锅后变色、变味，而且不油腻，防止孕妈妈恶心、呕吐。

不要把所有的菜都放在饭上，建议将菜、饭分开装。酱汁和油脂多的食物可用袋子单独装起来，以免饭盒里的蔬菜吸收多余的油脂。

素食孕妈妈着重调整饮食结构

对于素食孕妈妈而言，如果自己可以接受和适应，怀孕后可以吃些荤菜；如果不喜欢，完全没有必要强迫自己吃荤菜，但饮食结构还是要进行适当调整。广泛地选择各类食物，不但要吃够，而且要搭配得当。

补充维生素 B_{12}

在整个孕期，如果能调整好饮食结构，素食孕妈妈只需额外补充维生素 B_{12}。因为维生素 B_{12} 只存在动物性食物中，如果长时间吃素，不吃荤菜，很容易缺乏。如果严重缺乏维生素 B_{12}，会引起神经系统损害、贫血等。建议非全素食孕妈妈孕期多吃些奶类食品或奶制品。

多摄取蛋奶制品

一般来说，动物性蛋白质是比较理想的蛋白质来源，而全素食孕妈妈的蛋白质来源则以植物蛋白质为主。为了满足孕期所需，对于全素食孕妈妈而言，坚果类食物是补充蛋白质与油脂的来源之一，建议每天吃一小把坚果当点心。

多吃深色蔬菜和水果

深绿色、紫色、红色等深颜色的蔬菜，可帮助补充维生素 A、维生素 C 和铁，并促进钙吸收。但草酸含量高的蔬菜，如菠菜，摄入量不能太多，否则体内的钙质与草酸结合将无法利用。每餐要吃水果，尤其是富含维生素 C 的水果，如橙子等，以强化铁吸收。

吃一些油类植物

食物当中的磷脂需要在脂质的环境下才能被吸收，许多素食里不含有磷脂，这样的话就很难保证胎宝宝中枢神经系统的完善和发育。建议孕妈妈孕期要适量吃一些含油脂的食物，比如坚果、大豆等。

TIPS

素食孕妈妈饮食参考以下要点：

250~500 克谷类和薯类食物。

250 克左右豆类食物。

250~400 克深色蔬菜。

30~90 克坚果。

适量的水果，特别是含维生素 C 的水果。

每周吃 3 次海产品、豆奶等。

偏食孕妈妈如何补充营养

有些孕妈妈孕前就有偏食、挑食的毛病，而有些孕妈妈则是在怀孕后口味发生了变化，偏好某类食物。实际上，胎宝宝会认为“妈妈给我吃的东西都是安全的”，所以，如果孕妈妈偏食，胎宝宝很可能也会被动地讨厌某些食物，导致出生后偏食、挑食。

不爱吃蔬菜：补充叶酸和铁

不爱吃蔬菜可能会缺乏各种维生素、膳食纤维及微量元素，日常饮食中应适量吃富含维生素 C 的食物。可在两餐之间吃一些橙子、草莓、猕猴桃等水果。

早餐增加 1 份燕麦片，可以将其加在早餐的牛奶里，也可以吃些全谷物粮食及坚果。

补充叶酸和铁。叶酸每天补充 400 微克，铁每天补充 20~30 毫克为宜。

不爱喝牛奶：用酸奶和奶酪代替

不爱喝牛奶可能会缺钙。可以选择酸奶和奶酪来代替。它们由鲜牛奶加工而成，去除了鲜牛奶的腥味，同时更利于吸收。酸奶中还含有乳酸菌，可以改善便秘的情况。

乳糖不耐受的孕妈妈可以选用营养舒化奶或酸奶。

每天喝 1 杯孕妇配方奶粉。

如果出现了缺钙的症状，可以在医生的指导下吃点钙片。孕期每日需要补钙 800~1 000 毫克。

TIPS

选酸奶要注意看成分表，配料表越短，添加剂越少，越健康。

不爱吃鱼：补充鱼油

不爱吃鱼可能会缺乏蛋白质、矿物质及维生素 D、维生素 A。

补充鱼油建议选择 DHA 含量大于 80%、专为孕妇配置的鱼油，但是 EPA 含量大于 50% 的鱼油不宜吃。

用坚果作为加餐。坚果中脂类含量丰富，可以作为优质脂肪的一种营养补充剂。

做菜时选用多种植物油，如大豆油、菜籽油、橄榄油等，注意孕期每日用油不宜超过 25 克。

不爱吃鸡蛋：多吃富含维生素 C 的蔬菜、水果

孕妈妈不爱吃鸡蛋可能会使蛋白质、维生素和矿物质缺乏，要多吃点富含维生素 C 的蔬菜和水果，以增加铁质的吸收。另外，可每天固定吃 2 份坚果。

不爱吃肉：多吃乳制品和豆制品

不爱吃肉可能会使孕妈妈蛋白质、B族维生素及铁质缺乏，因此需多摄取乳制品。孕妈妈可以每天喝 250 毫升牛奶、125 毫升酸奶，吃 2~3 块奶酪。

可以常吃大豆、豆腐、豆腐干、豆浆等豆制品，豆制品富含植物蛋白及铁质。

选择全谷物类粮食、鸡蛋和坚果。可在早餐时适当增加全麦面包和麦片，每天适当吃几粒坚果和 1~2 个鸡蛋。

可以吃些黑芝麻粉及黑木耳，增加植物性铁。

爱吃甜食：用木糖醇代替

过量摄取甜食会造成肥胖，增大孕妈妈患妊娠期糖尿病、妊娠期高血压综合征的风险。孕妈妈可以食用木糖醇代替蔗糖，但是同样要自觉地逐渐降低糖分的摄入，也不可无节制地摄入木糖醇。

TIPS

胎宝宝偏小不一定是营养不良，多胞胎、胎盘功能不全、高危险妊娠等都可能造成胎宝宝生长迟滞，以致胎宝宝体重比标准值轻。如果产检时排除这些因素，医生认为胎宝宝过小需要干预，那么孕妈妈就要调整饮食，补充营养。当然，孕妈妈也不要过多进食，否则可能形成另一个极端——巨大儿，这也不利于胎宝宝的健康和顺利分娩。

爱吃酸食：多吃酸甜水果

食用过多酸味食品可能会造成胃酸过多，引发胃溃疡等疾病。尽量用成熟了的酸甜口味的水果代替腌制的酸味食品。一般成熟了的水果口味清甜，味道不会过于酸涩。

爱吃咸味食物：用柠檬汁等调味品增加风味

摄入过多咸味食物容易造成妊娠期高血压综合征，不利于胎宝宝健康和分娩。如果喜欢菜的口味浓香一些，可以在减少盐的同时，用醋、柠檬汁、柚子汁、苹果醋、香菜等调味品调味，加重菜肴的口味。

孕期营养误区 19 例

有些“过来人”会给孕妈妈大谈特谈她们以往的经验，殊不知，随着生活水平的提高，很多观念已经改变，如果还按照那些过时的方法度过孕期，可能会给孕妈妈带来不必要的麻烦。以下的 19 个营养误区，孕妈妈一定要注意避免。

吃桂圆可以保胎

桂圆中含葡萄糖、维生素、蔗糖等物质，营养很丰富。中医认为，桂圆有补心安神、养血益脾之功效，常有老人建议孕妈妈吃些桂圆，以达到保胎养胎的目的。但门诊曾出现不少这样的例子，有些孕妈妈为了保胎，每天吃不少桂圆干，反而出现流血、腹痛等先兆流产症状。这是因为在怀孕后，孕妈妈阴血偏虚、内热较重，而桂圆性温大热，孕妈妈食用后，火上加火，不仅不能保胎，反而容易出现见红、腹痛等先兆流产症状。所以，孕妈妈不宜吃桂圆保胎。

比肚子大小

在产科门诊，常看到孕妈妈互相比较肚子大小。肚子小的孕妈妈会问，怎么同样的月份，我的肚子就比别人的小，是不是胎宝宝偏小？实际上，每个孕妈妈的身高体形都不一样，一般子宫位于前端的肚子看起来较大，身材矮胖的肚子较明显，而个子高挑的则不太明显。所以，通过定期产检，只要胎宝宝发育正常就不必担心，更不必因为自己的肚子比别人的小而过分焦虑，比较腹部的大小没有实质上的意义。

水果吃越多越好

很多人认为，孕妈妈多吃水果可以摄取足够的维生素，可以使孩子出生后皮肤白嫩，而且水果热量低，不会引起肥胖。在这种观念的驱使下，一天吃 3~5 个大苹果、2~3 千克葡萄的孕妈妈不在少数。那么，孕妈妈吃水果真的多多益善吗？事实并非如此，水果中主要含水分，约占 90%；其次含有大量的果糖、葡萄糖、蔗糖等，这些糖类很容易被消化吸收，引起血糖升高，如果消耗不掉，极易转化成脂肪，引起体重迅速增加。对于有糖尿病高危因素的孕妈妈来说，如果一次大量进食甜水果，还可能诱发妊娠期糖尿病。

TIPS

1 个中等大小的苹果能产生约 500 千焦的热量，相当于小半碗米饭所产生的热量，所以孕妈妈每天吃水果应适量，一天最好不要超过 400 克。

水果最好在两顿饭之间吃，既补充营养，又不会影响食欲。

误区 4　过度进补燕窝

很多孕妈妈在怀孕后都有专人照料，每天高蛋白高营养食品轮番进补。曾有不少孕妈妈因进补不当而住院保胎。有的因贪吃桂圆等热性水果而引起先兆流产症状，有的每天吃一碗人参鸡汤最终被折腾进医院。更有甚者，每月吃昂贵的燕窝进行滋补。其实孕妈妈在妊娠期适当食用燕窝，可能有一定的保养皮肤、滋阴润肺的作用，但体质较寒的孕妈妈吃燕窝就不合适了。另外，大家不要过分倚重燕窝的功效，说到孕期补充营养，还是调节日常饮食更重要。人们能从燕窝中找到的任何营养成分，都可以通过其他普通食物获得，根本不需要额外进行补充了。孕育一个新的生命，对于父母来说，无疑是人生中的一件大事。但要保持理性为胎宝宝的诞生做“真正有用”的事情。

误区 5　孕期不能吃螃蟹

秋高气爽，正是吃螃蟹的好季节。可是每到这个时候，很多孕妈妈的家人要开始紧张了：“听说怀孕不能吃螃蟹的，吃了容易导致流产，你可不能吃呀……”

其实这种说法并没有科学依据，吃螃蟹并不会影响胎宝宝，也并没有任何一个权威的产科指南给出意见提示孕期吃螃蟹对胎宝宝有不利影响。

有人说螃蟹性寒，吃多了伤脾胃，而且容易引起先兆流产。中医里将食物分为寒、凉、温、热四种性质，如果寒凉和温热的食物都不能吃，那孕妈妈基本上什么食物都不能吃了。具有寒凉、温热偏性的食物，只要不大量吃，不会对孕妈妈造成伤害，比如每次只吃 1 只螃蟹。但对于本身体质就偏寒的孕妈妈来说，吃寒凉的食物一定要减量，以免加重体寒。网上流传的孕妈妈吃了某种食物导致流产，可能与个人体质有关，比如对异种蛋白过敏，继而引起全身过敏症状，如腹泻，而腹泻会使肠蠕动加快，甚至出现肠痉挛，进而刺激子宫收缩导致流产。因此，对身体健康的孕妈妈来说，正常饮食导致流产的概率是特别小的。如果实在担心，可以去咨询医生，弄清自己的体质后有针对性地选择食物。

所以如果孕妈妈对螃蟹不过敏，只要保证螃蟹新鲜、熟透，同时又能控制每次进食的量，就没有必要拒绝这样的营养和美味。

孕期滥用保健品

怀孕之后，“一人吃，两人补”的想法多少会影响孕妈妈，尤其是孕期还坚持工作的孕妈妈，因为担心每天饮食中的营养跟不上胎宝宝的发育，老琢磨着要不要吃点保健品。对此，孕妈妈有必要了解以下几点。

了解孕妈妈的需要

该不该服用补充各种维生素和微量元素的保健品，要在做完营养素检查后才能确定。一般在医院营养门诊，营养医生会根据孕妈妈的饮食及运动水准，给出合理的指导。如果孕妈妈的膳食结构很好，生活规律，能够坚持锻炼身体，有良好的生活方式，营养素监测正常就不必刻意服用保健品。保健品应该在营养师或医生的建议和指导下服用，不可以当作普通食品。

如何选择合适的保健品

看产品说明：购买时，要着重查看成分和含量。想侧重补钙，就应该查看钙的含量是否足够。要考虑到自己每天从饮食中摄入的相关营养素的含量，不要滥补也不可补充不足。

不要盲目消费：原装进口的保健品和国内产品的价格相差巨大，但维生素类产品吸收利用率的差异却不大。对于某些含藻油、卵磷脂和优质蛋白的保健品，则可以考虑购买正规品牌的进口产品。

并非多多益善：保健品主要含有人体所需的各种营养素，但营养素之间也存在着相互促进、相互协同、相互拮抗的作用。过多摄入锌，会抑制铁的吸收利用；而过多摄入铁，反过来又影响锌的吸收利用。

服用原则

如果营养不足，应采取“缺什么补什么”的原则，尽量从食物中获取所需要的营养。当食物的营养不能满足身体需求时，在选择和服用保健品前，必须充分了解保健品的适用范围、不良反应、有效成分和剂量，避免误服或过量服食。

一些孕妈妈在每天喝 2 杯牛奶的同时，还大量补充钙剂，结果补钙过多，引起胃肠道不适，还会对胎宝宝产生不利影响。铁摄入过量，则会诱发妊娠期糖尿病的发生。而碘的补充也要慎之又慎，碘摄入过量，可诱发孕妇甲状腺功能异常，影响胎宝宝体格及智力发育。

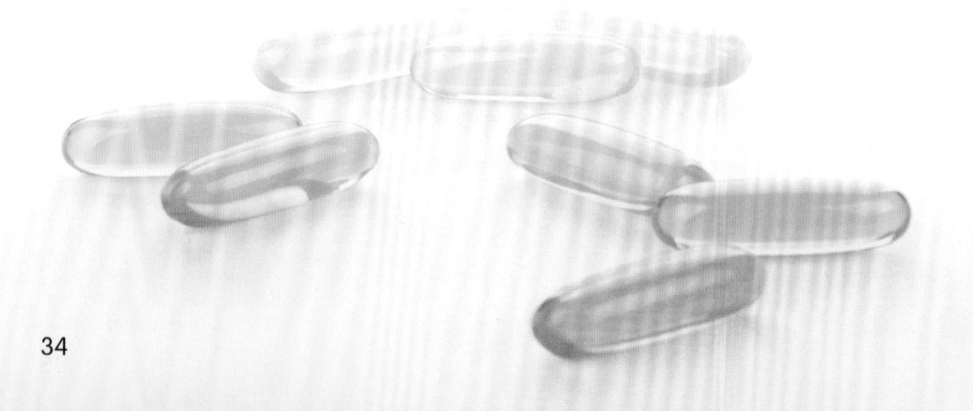

怀孕了不能吃火锅

火锅底料不卫生！容易感染寄生虫！底料太过辛辣刺激！这些危害让爱吃火锅的孕妈妈望而却步。那怀孕了到底能不能吃火锅？

其实孕妈妈是可以吃火锅的，但需注意几点：首先要注意卫生，最好是涮个人小火锅，把生食熟食分开放置，食材要新鲜卫生，掌握好火锅的火候和食物的涮烫时间，不能吃涮烫时间过短和没煮熟的食物，以免引起寄生虫病感染、消化道疾病。其次注意吃火锅的频率，建议选择清淡营养的清汤锅底。因为火锅底料中含有八角、茴香、花椒、桂皮等热性香料，所以经常吃容易消耗肠道水分，引起上火，加重孕期便秘。最后注意食材的搭配，不要光涮肉，多吃蔬菜和菌菇类，既能解馋，又可补充维生素。

喝骨头汤补钙

一提补钙，不少孕妈妈及家人总认为喝骨头汤最好，以往也有一种说法，叫“吃骨头，补骨头”。但经有关试验证实，骨头汤中含钙量并不高，主要含胶质和脂肪。营养专家计算过，如果一个人一天需要 1 000 毫克钙，那么需要 10 千克骨头熬制的汤才够。在多年营养门诊中，我们也发现，经常喝骨头汤的孕妈妈体重增加往往过快，这与骨头汤的高脂肪、高热量关系密切。从营养角度讲，补钙应首选牛奶，100 毫升牛奶中约有 100 毫克钙，每天如能饮用 500 毫升牛奶，即可满足孕妈妈每天所需钙量的一半，还很容易吸收。含钙较丰富的食物还有鱼、虾、虾皮、黑芝麻、豆制品等。

对于一些体重超重、肥胖以及高血脂的孕妈妈来说，补钙不应首选骨头汤，而应首选低脂牛奶。

喝牛奶会“上火”

有不少人认为牛奶是“上火”之物，因此不敢多吃，还有些孕妈妈喜欢在牛奶中放入蜂蜜以达到去火的目的。其实，从中医角度来讲，牛奶并不是上火的物质，它味甘、性平，有益胃润燥、滋养补虚的功效，还被中医用于改善大便燥结、虚损疲弱等症状。至于有些孕妈妈在喝过牛奶后出现鼻出血、大便燥结的情况，是由于加热牛奶的方式不对造成的。现在人们所喝的消毒牛奶在出厂前都是经过低温巴氏消毒，只需在火上或微波炉中温热即可。烧开的牛奶不仅营养素损失不少，其性质也会发生变化，反而容易让人出现“上火”症状。

误区10 胎宝宝越大越好

以前常有这样的说法，"孩子生出来大一点，将来好带"，加上近年来生活水平提高，营养供应充分，巨大儿出生的比例越来越高。近年来巨大儿（即出生体重≥4千克）的出生率一直在8%左右，徘徊不下，与以往的错误观念不无关系。

从医学角度讲，胎宝宝在2.5千克以上即为正常，一般在2.5~3.5千克较好。如果胎宝宝过大，首先会增加孕妇自身的负担，易出现蛋白尿、水肿、高血压等；其次，产妇在分娩时会阴产道可发生严重撕裂，严重时会发生子宫破裂；最后因分娩困难造成第二产程延长，可导致产妇产后大出血。对于胎宝宝来说，由于难产，可造成胎宝宝宫内窘迫、新生儿窒息，巨大儿常需手术助产，而且生产巨大儿的女性及婴儿均属糖尿病高危人群，将来患糖尿病概率往往高于一般人群。此外，胎宝宝越重，其自身含有的脂肪越多，发展为成年肥胖的概率也越高。

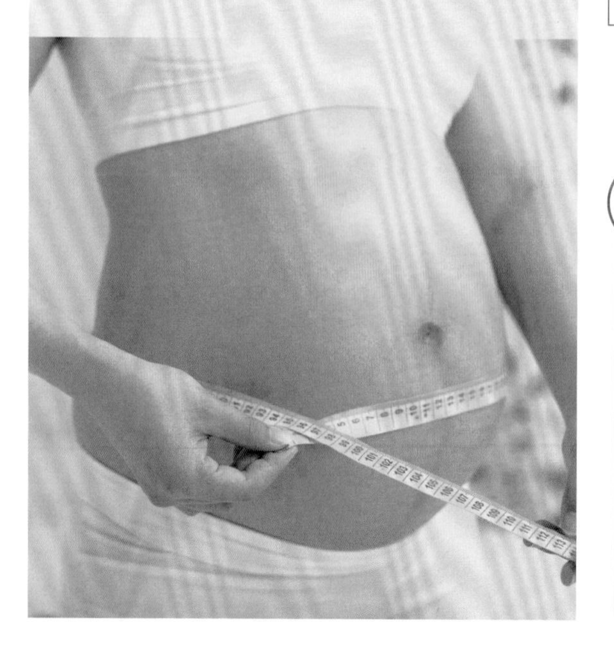

误区11 孕妈妈吃鱼油，孩子就聪明

鱼油中含有大量的长链多不饱和脂肪酸，如二十二碳六烯酸（DHA）及二十碳五烯酸（EPA），其中DHA是我们俗称的"脑黄金"，对胎儿的脑发育有好处。因此，有些孕妈妈认为，孕期多吃些鱼油，会使孩子变得更聪明。但是，经研究证实，鱼油中有一种前列腺素样的物质可能会诱发子宫收缩，引起早产。此外，鱼油中的EPA成分有抑制血小板凝聚、促进血管扩张的作用，会造成产后出血量大，这对产妇分娩极为不利。所以，从安全角度讲，孕妈妈不宜服用含EPA为主的鱼油，特别要注意标签，如EPA > 50%就不宜吃。特别在孕晚期更不宜吃，以免发生危险。

TIPS

防止巨大儿出生的关键在于科学合理调整孕期饮食，做到营养均衡不过量，孕妈妈体重增长过快时（如孕晚期每周超过500克），即应在营养医生指导下，适当控制脂肪的摄入量，以防热量过剩。

误区12 孕妈妈增重越多，胎宝宝营养越好

孕妈妈体重增长超过合理范围，说明摄入了超量的热量，如过多的脂肪和糖分等，如果孕妈妈胎盘转运体的功能较好，胎宝宝确实可得到更多的营养供应，但营养素供应越多并不代表胎宝宝营养越好。

从营养学角度讲，如果胎宝宝得到的各种产热营养素过多，如糖分、脂肪超量，会导致其体内脂肪细胞增多，大量脂肪堆积，出生体重达到或超过 4 千克，这类婴儿被称为巨大儿，属于病理性体重，也是营养不良的表现之一。这类巨大儿出生后容易出现低血糖、低血钙等多种并发症，成年后继发肥胖、高血脂、高血压、心血管疾病和糖尿病的危险性也会明显增加。

还有一种情况，孕妈妈体重增长越多，其妊娠期并发症发生率越高，如并发妊娠期糖尿病、妊娠期高血压综合征、妊娠期高脂血症等。这些病症发展到一定程度，都可能造成胎盘微小血管的病变，毛细血管收缩、痉挛，使孕妈妈胎盘对胎宝宝氧气、养料的供应大幅度下降，胎宝宝得不到充足的营养，反而易出现胎宝宝宫内发育迟缓、早产、足月低体重儿（怀孕满 37 周后出生体重 <2.5 千克）。所以，并不能说孕妈妈体重增长得越多，胎宝宝营养越好。

误区13 孕期体重连续不增加，胎儿发育会迟缓

在孕中晚期，如果孕妈妈体重连续 1~2 周不增加，意味着胎宝宝有宫内发育迟缓的可能。一般认为，只要不是因为生病引起的体重不增加，胎宝宝仍可很好地发育。

研究证明，孕妈妈在营养相对不足的情况下，会通过调节营养在体内的分布，优先供给胎儿营养。同样，胎儿在营养相对不足时，会通过调节体内血液分布，优先供应主要器官，如脑、肾等脏器。

另外，体重只是衡量胎儿营养的一个方面，通过定期的产前检查，即可发现胎儿发育异常，如宫高、腹围均在正常范围，即使孕妇体重增长不多或短期不增长，胎宝宝仍然会发育很好，孕妈妈不必过于担心。

TIPS

孕妈妈的体重不是判定胎宝宝发育情况的唯一标准，要定期进行产前检查，以此监测胎宝宝发育情况。

孕期只要吃好，不能多运动

多年来，“怀孕要补，孕妈妈要养”的观念深入人心，老一辈父母对于孕妈妈告诫得最多的就是吃好、休息好、少动才能保胎养胎，这是不对的。

怀孕了需要适当运动

俗话说，“生命在于运动”，对孕妈妈来说，她掌握着两条生命，所以运动的意义便格外重要。医学专家利用连续记录运动中孕妈妈子宫收缩和胎宝宝心跳数据的装置，发现孕妈妈在运动时心跳显著加快，而胎宝宝的心率却不上升，从而说明孕妈妈进行适当适量的运动对胎宝宝没有不良影响。

研究者追踪了 52 个怀孕时坚持运动的孕妈妈所生的孩子，发现他们在出生时的体重较轻，体脂的比例也较少，但在 1 岁后的发育及成长，都与正常孩子无异。另一项研究甚至显示持续运动的孕妈妈，她们的孩子在 5 岁后的智力表现和手眼协调性都比较好。

至于早产的可能性则仍存在着许多争议。运动会引起子宫收缩增加是毋庸置疑的，但是医学专家的研究却显示这对胎儿并没有不良的影响，也不至于改变怀孕结果。这些研究告诉我们，一位健康的孕妈妈可以适当运动。

适当运动对妈妈宝宝都有利

怀孕是一个自然的生理过程，分娩对女性来说是独特的、非常私人化的一种人生经历。怀孕期间进行适当的、合理的运动能促进孕妈妈的消化和吸收功能，可以给肚子里的胎宝宝提供充足的营养。

适当运动既可以促进孕妈妈血液循环，提高血液中氧的含量，消除身体的疲劳和不适，还能刺激胎宝宝大脑、感觉器官、平衡器官以及呼吸系统的发育。

所以，孕期进行适当的运动，不仅非常有助于胎宝宝生长发育，还可以让孕妈妈有充足的体力顺利分娩。再者，怀孕期间坚持适当运动还有利于产后体形恢复。

在月子里吃得越多营养越好

营养是每个人都必不可少的，但并不是吃得越多营养越好。医学实践证明，有些营养素摄入过多，超过身体的需要量，反而会对身体造成危害。

蛋白质摄入过多：蛋白质尤其是动物蛋白摄入过多，可能会导致食欲不振，大便干燥。而且人体必须将过多的蛋白质进行脱氨分解，氨则由尿排出体外，这一过程需要大量水分，从而加重肝肾代谢负担，严重者还会造成肾功能衰竭和尿毒症的发生。

脂肪摄入过多：会造成消化不良、腹泻、食欲不振、肥胖，甚至加重高脂血症和动脉硬化的症状。

糖摄入过多：会使胰岛素分泌过多，加重胰岛的负担；使碳水化合物和脂肪代谢紊乱，引起人体内环境失调，进而增大心脑血管疾病、糖尿病、肥胖症等多种慢性疾病发生的概率。过多的糖分还会使人体血液趋向酸性，导致人体酸性体质，并减弱免疫系统的防御功能。

维生素 A 摄入过多：易造成头晕、头痛、呕吐、脱发。

铁摄入过多：会造成呕吐、腹泻、大便异常、肝硬化、皮肤色素沉着等。

所以，吃得多并不代表营养摄入合理，更不能保证营养好，营养过剩反而过犹不及。

坐月子一定要大补，才能恢复好

若在几十年前，这种观念可能是合理的，因为当时国家经济状况较差，食物也较为短缺，育龄女性没有足够的营养储备，产后确实需要尽量多补充些营养。

但是现在人们生活水平大幅度提高，食物非常丰富。在孕期有些孕妈妈体重猛增，已经储备了足够的营养素，甚至蓄积了过多的脂肪。如果月子期间补得过多，不仅容易造成生育性肥胖，给产后体形恢复带来困难，还容易引起机体代谢功能的紊乱，给将来的慢性代谢性疾病，如糖尿病、高脂血症、高血压、胆石症等埋下病根。

因此，孕妈妈在产后月子期间也要合理搭配营养，注重平衡膳食，不宜大补。

产后哺乳不利于保持体形

有些产妇害怕给孩子哺乳，认为哺乳不利于保持体形，因而放弃珍贵的母乳，选用替代品来喂养孩子。这样的做法不仅不明智，而且得不偿失。

孕妇在孕中晚期，体内要额外贮存大量的脂肪，为3~4千克，它们分布在腰腹部及大腿部，这些脂肪的蓄积，主要是为了产后哺乳而做准备的。腰腹部及腿部的脂肪不太容易消耗掉，而哺乳可能会动用它们，通过乳汁排出一些脂肪。

所以说，哺乳既能帮助消耗体内多余的脂肪，又使宝宝获得充分的营养，还能预防乳腺癌、卵巢癌的发生，何乐而不为呢？

误区18 坐月子不能吃蔬菜

蔬菜是人体每天必需的食物，但有很多人却认为蔬菜生冷寒凉，产妇吃了对大人孩子都不好，还认为蔬菜没什么营养，可吃可不吃。结果产妇在月子期间进食大量鸡鸭鱼肉等荤食，导致营养素摄入不均衡，引起营养缺乏病，如缺乏维生素C导致牙龈出血、口腔炎症等。还会影响乳汁中的营养成分，影响婴儿的生长发育。

分娩后，产妇腹部肌肉松弛，加上坐月子期间运动量减少，容易导致肠蠕动减慢，且产后代谢功能旺盛，每天分泌乳汁和大量产褥汗又会带走机体水分，更容易出现肠燥便秘的现象。而蔬菜中含有多种维生素和膳食纤维，可促进胃肠道功能的恢复，能够增进食欲、促进食物的消化吸收，改善便秘的情况。

误区19 坐月子不能吃凉性食物

很多人认为青菜、海带、黄瓜是寒凉食物，产妇不宜吃；而木瓜、生姜、桂圆是温性食品，产妇应该多吃，这些说法并不完全正确。因为产妇身体素质差异很大，而且在食物的选择上各有偏好，所以没有必要千篇一律地要求产妇只吃温热食物，而拒绝寒凉食物。

中医把食物分为寒、凉、温、热等属性，现代营养学没有这种寒热的区分，而强调食物多样化和相互搭配。不同种类的蔬果其维生素和矿物质的含量区别很大，比如深色蔬菜中含有更多的胡萝卜素，酸性水果中含有更多的维生素C。

有些寒性蔬菜如莲藕，含有大量淀粉和多种维生素、矿物质等，营养丰富，清淡爽口；海带含钙、铁、碘较多，对产妇和宝宝都有益处。但如果有些蔬菜，产妇吃了感觉不舒服，可以减少食用，也可停用，更换为营养价值相近的蔬菜。

TIPS

坐月子期间也要注意均衡膳食，饮食调理得当，不仅可以帮助新妈妈尽快康复，还能给予宝宝充足的乳汁。

从准备怀孕这一刻起，了解不同时期需要补充的各种营养素，为胎宝宝也为自己建立起健康保护屏障。合理补充不过量，为胎宝宝的成长打下坚实基础，也能有效控制体重增长。

第二章

长胎不长肉的关键营养素

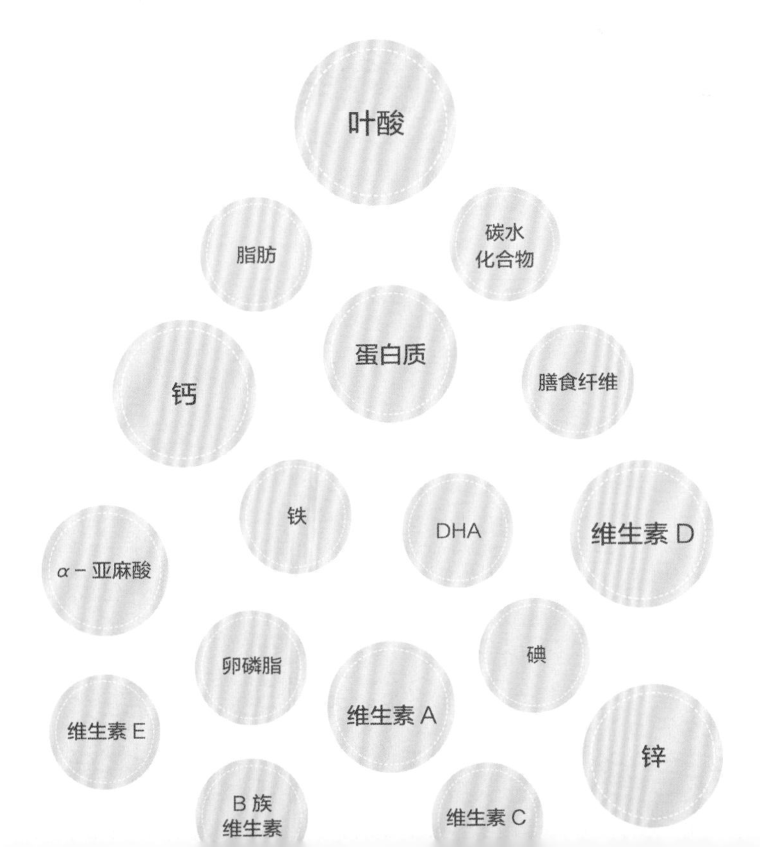

叶酸：至少孕前 3 个月补

叶酸是胎宝宝神经发育的关键营养素，对预防神经管畸形和唇腭裂有重要意义。孕妈妈要注意在饮食中摄入富含叶酸的食物，建议在孕前 3 个月就开始补充叶酸，至少补充到孕后的第 3 个月。

富含叶酸的食物

绿色蔬菜和酸性水果均含有丰富的叶酸，如菠菜、番茄、小白菜、油菜、香菜、橘子、草莓等；有些动物性食物也含有较多叶酸，如动物内脏、禽蛋等；此外，豆类、瓜果、酵母和孕妇配方奶粉中叶酸含量也较丰富。

服用小剂量叶酸增补剂

如果无法保证每天吃到足量的上述食物，还可以服用小剂量叶酸增补剂，每片约含 400 微克叶酸。研究发现，叶酸增补剂中的叶酸生物利用率是食物中叶酸的 2 倍。还有些复合营养素补充剂中也会有足够量的叶酸。孕前及孕期服用一定剂量的叶酸制剂可能更加有效，现在世界各国都建议，孕妇应从孕前 3 个月开始至孕 3 月，合理补充小剂量叶酸制剂，来有效地预防神经管畸形。

小心补充，以免过量影响锌的吸收

孕妈妈应注意，还有一种治疗巨幼红细胞贫血的叶酸制剂，每片含 5 毫克叶酸。在孕早期切忌服用这种大剂量的叶酸片，因为过大剂量的叶酸会影响锌的吸收，而锌在孕早期对胎儿的发育也有重要作用，所以长期服用大剂量叶酸片对孕妇和胎儿很可能会产生不良的影响。因此孕期切忌擅自滥用药物，即使同一种药物也应分清剂型。

每日供给量

孕前	孕早期	孕中期	孕晚期
600 微克 / 天	600 微克 / 天	400 微克 / 天	400 微克 / 天
600 微克叶酸 ≈ 1 片叶酸增补剂 + 200 克豌豆苗			

手卷三明治

原料：白吐司2片，芦笋2根，北极虾30克，沙拉酱适量。

做法：①吐司去边，压平；北极虾去壳，入沸水汆熟；芦笋洗净，切小段，入沸水焯熟。②吐司上抹上沙拉酱，依次放上北极虾、芦笋，卷起即可。

营养分析：芦笋含有丰富的叶酸和膳食纤维，是备孕和怀孕期间补充叶酸的佳品；北极虾含有丰富的钙和镁，有益于胎宝宝健康发育。

什锦西蓝花

原料：西蓝花、菜花各100克，胡萝卜50克，盐、白糖、醋、芝麻油各适量。

做法：①西蓝花和菜花洗净，切成小朵；胡萝卜洗净，去皮、切片。②全部蔬菜入沸水焯熟，装盘，加盐、白糖、醋、芝麻油拌匀即可。

营养分析：西蓝花富含的维生素C、铁、叶酸、钙等，以及胡萝卜含有的胡萝卜素，都是胎宝宝健康发育的重要营养成分。

蛋白质：没有蛋白质就没有生命

优质蛋白质可以帮胎宝宝建造胎盘，支持胎宝宝脑部发育，帮助胎宝宝合成内脏、肌肉、皮肤、血液等。孕期胎宝宝的生长发育、孕妈妈的身体变化、血液量的增加以及每日活动的能量需求变化，都需要从食物中摄取大量蛋白质。

均衡摄取动物蛋白质和植物蛋白质

蛋白质分为动物蛋白质和植物蛋白质，孕妈妈不要只注意多吃动物蛋白质，而忽视了植物蛋白质的摄取。植物蛋白质的来源如豆制品，不仅味道鲜美，而且对胎宝宝大脑发育有益。豆制品所含的蛋白质多且脂肪含量少，被誉为“植物中的肉类”。此外，豆制品中含有大量的卵磷脂，这种物质可帮助增强记忆力。所以，孕妈妈不仅要补充动物蛋白质，还应适当增补植物蛋白质，才能促进胎宝宝脑细胞的生长。

每周吃 1 或 2 次鱼或虾、干贝等海产品，每天有 1~2 个鸡蛋、250~300 毫升牛奶和 100~200 克肉类的摄入，再吃点花生、核桃等，就能保证每天的蛋白质需求。如果孕妈妈是素食者，可以将豆类和谷类混合食用，比如馒头配豆浆。

蛋白质补充不是越多越好

有的孕妈妈为了补充蛋白质，一天吃好几个鸡蛋，甚至把牛奶当水喝，这些方法都不恰当。过多的蛋白质容易使胎宝宝过度生长，造成孕妈妈难产；而且蛋白质在代谢过程中会产生胺类等废物，需要通过肝脏解毒，过量补充会加重肝脏的负担，易导致肝功能受损。

每日供给量

孕前	孕早期	孕中期	孕晚期
55~60 克 / 天	55~60 克 / 天	70~75 克 / 天	85~90 克 / 天

55~60 克蛋白质 ≈ 1 个鸡蛋 + 300 毫升牛奶 + 200 克牛肉

虾仁豆腐

原料：豆腐400克，虾仁100克，鸡蛋清、葱丝、姜片、盐、水淀粉、芝麻油、植物油各适量。

做法：①豆腐切成小方丁，入沸水焯烫，捞出沥干；虾仁去虾线洗净，加盐、水淀粉、鸡蛋清上浆。②葱丝、姜片、水淀粉、芝麻油放入碗中，调成芡汁。③油锅烧热，放入虾仁炒熟，再放入豆腐丁同炒，受热均匀后倒入调好的芡汁，迅速翻炒均匀即可。

营养分析：虾仁和豆腐富含优质蛋白质，还有钙、磷等矿物质，而且热量低，养胎瘦身，是营养丰富又美味的食材。

甜椒炒牛肉

原料：牛里脊肉100克，甜椒200克，姜丝、鸡蛋清、盐、料酒、甜面酱、干淀粉、植物油各适量。

做法：①牛里脊肉洗净，切丝，加盐、鸡蛋清、料酒、干淀粉拌匀。②甜椒洗净切丝。③牛肉丝倒入油锅炒散，放入甜面酱、甜椒丝、姜丝炒香，翻炒均匀至熟即可。

营养分析：甜椒富含维生素C，牛肉含有丰富的蛋白质和维生素B_{12}，对强健孕妈妈和胎宝宝的身体很有益处。

脂类：每千克体重每天只需1克脂肪

脂类包括脂肪和类脂，类脂包括磷脂和胆固醇。不同脂类对人体的作用不同，脂肪主要提供人体所需能量，而类脂是构成细胞膜的主要成分。怀孕30周以前，孕妈妈体内蓄积脂肪，能够为孕晚期、分娩以及坐月子储备能量。

脂肪帮助胎宝宝大脑发育

脂肪主要由甘油和脂肪酸组成，脂肪酸可分为饱和脂肪酸和不饱和脂肪酸。大脑的发育主要需要的脂肪酸是不饱和脂肪酸，如亚油酸、亚麻酸。这些脂肪酸均大量存在于食用油中，是体内不能合成的，必须由食物供给。而胎宝宝发育所需的必需脂肪酸要由孕妈妈通过胎盘提供，用于大脑和身体其他部位的生长发育。脂肪中的亚油酸及亚麻酸等必需脂肪酸更是保证胎儿神经系统生长发育的物质基础。另外，孕期摄入的脂肪能促进脂溶性维生素的吸收，有安胎功效。妊娠过程中孕妈妈平均增加2~4千克脂肪，以满足母乳喂养的需要。

脂肪一定要有，但不能过量

孕期要摄入适量植物性脂肪、动物性脂肪，含动物性脂肪较多的食物有各种肉类、动物内脏、蛋黄等，含植物性脂肪较多的有大豆油、花生油、各种坚果等。但是，孕妈妈食入过多的脂肪容易导致肥胖，诱发高脂血症、妊娠期高血压综合征等妊娠合并症。

所以脂肪虽好，但不能过量，否则易热量过剩，导致肥胖。一般来说，每千克体重每天只需1克脂肪，动植物脂肪各占一半，这样的比例较好。

每日供给量

孕前	孕早期	孕中期	孕晚期
50~60克/天	50~62克/天	50~70克/天	62~76克/天

50~60克脂肪≈1个鸡蛋+250毫升全脂牛奶+150克牛肉+20克植物油

鸭肉冬瓜汤

原料：鸭子1只，冬瓜小半个，姜片、盐各适量。

做法：①冬瓜洗净，去皮、切块。②鸭子放冷水锅中，开大火煮约10分钟，捞出，放入汤煲内，加适量水，开大火煮沸。③放入姜片，略微搅拌后转小火煲1.5小时。④关火前10分钟倒入冬瓜，煮软后加盐调味即可。

营养分析：鸭肉中，各种脂肪酸的比例接近理想比例，有益于心脏健康；冬瓜有利湿消肿、清暑降压之效。二者搭配，非常适合孕妈妈食用。

羊肉山药汤

原料：羊肉300克，山药200克，料酒、葱白、盐、姜片各适量。

做法：①羊肉洗净，切块，入沸水汆烫去血水；山药去皮，切段。②羊肉块、山药段放入锅中，加适量水、葱白、姜片、料酒煮沸，转小火煮至羊肉酥烂，加盐调味即可。

营养分析：羊肉山药汤富含蛋白质、脂肪、矿物质，尤其适合孕妈妈冬天食用。

碳水化合物：每天最低 130 克

碳水化合物，通称为糖，是人类获取能量最经济、最主要的来源。碳水化合物在体内被消化后，主要以葡萄糖的形式被吸收，为人体提供能量，维持心脏和神经系统的正常活动。

复杂碳水化合物更佳

碳水化合物分为简单碳水化合物和复杂碳水化合物。与简单碳水化合物相比，复杂碳水化合物在消化系统中的分解时间更长，进入血液的速度更慢，血糖升高的速度会更平缓。复杂碳水化合物一般在粗粮、薯类等食物中含量较高，如燕麦、红薯等。

每日供给量

孕前	孕早期	孕中期	孕晚期
130~200 克 / 天	130~200 克 / 天	130~250 克 / 天	130~250 克 / 天
130 克碳水化合物 ≈ 150 克大米 + 100 克红薯			

香菇红枣养胃粥

原料：大米 50 克，红枣 10 颗，干香菇 20 克。

做法：①干香菇用温水泡软、去蒂切块；大米淘洗干净；红枣洗净，切开去核。②三者倒入锅内，加适量水，大火煮沸，转小火熬煮至熟烂即可。

营养分析：本粥含丰富的碳水化合物，养胃健脾，滋补强身。

膳食纤维：肠道清理一身轻

膳食纤维是食物中不被人体胃肠消化酶分解消化、且不被人体吸收利用的多糖和木质素，按其溶解度分为可溶性膳食纤维和不溶性膳食纤维。膳食纤维能够刺激消化液分泌，促进肠蠕动，缩短食物在肠内的通过时间，降低血胆固醇水平。

蔬菜中的膳食纤维更易消化

谷类(特别是一些粗粮)、豆类及一些蔬菜、薯类、水果等富含膳食纤维。如果孕妈妈肠胃不好，难以消化谷类和薯类食物中的膳食纤维，则可选用绿叶蔬菜代替。孕妈妈还可以制作水果羹食用，在补充了膳食纤维、缓解便秘的同时，又起到开胃健胃作用。目前也有一些富含膳食纤维的保健食品上市，特别是一些可溶性膳食纤维，由于食用非常方便，体积小、无异味，是较好的保健食品。

每日供给量

孕前	孕早期	孕中期	孕晚期
20~30 克 / 天	20~30 克 / 天	20~30 克 / 天	20~30 克 / 天
20~30 克膳食纤维≈  500 克蔬菜 + 250 克水果			

银耳冬瓜汤

汤

原料：银耳 30 克，冬瓜 250 克，鲜汤 500 克，盐、料酒、植物油各适量。

做法：①银耳洗净，泡发去蒂；冬瓜洗净，去皮、切片。②油锅烧热，放入冬瓜片煸炒至变色，加鲜汤、盐，烧至快烂时，加银耳煮至熟烂后加料酒，起锅，装碗即可。

营养分析：本汤富含膳食纤维和维生素，消渴化滞，利尿消肿。

钙：强健骨骼和牙齿

钙是人体必需的常量元素，是牙齿和骨骼的主要成分。钙离子是血液保持一定凝固性的必要因子之一，也是体内许多重要酶的激活剂。钙能维持胎宝宝大脑、骨骼以及机体的发育，保持孕妈妈心血管的健康，有效改善孕期所患炎症和水肿。

缺钙对孕妈妈和胎宝宝都不利

如果钙供给不及时，孕妈妈血钙会降低，从而导致骨钙溶解来弥补血钙的不足，这对孕妈妈的健康极其不利。补钙不足，不仅会让孕妈妈在孕中期、孕晚期易出现小腿抽筋、腰背酸痛、失眠等情况，严重时还可导致骨质软化症，骨盆变形，从而引发难产。孕妈妈缺钙可造成胎儿在宫内钙贮存减少，新生儿在出生后很快出现缺钙，表现为容易惊醒及哭闹等，严重者出现手足抽搐及佝偻病。

奶类和奶制品是钙的优质来源

（1）食用含钙丰富的食物，首选奶类，每天最好喝足 500 毫升，每 100 毫升牛奶中的钙含量约为 100 毫克，且吸收利用率高。其次为豆制品如豆腐、豆腐干、素鸡等，水产类如鱼、鱼片干、鱼松、虾、虾皮，绿叶蔬菜中的西蓝花、小白菜，此外还有芝麻等。

（2）尽量少吃腌制的食品，因其含磷高，会影响钙的吸收。

（3）保证一定的户外活动时间，日照可使孕妈妈皮肤中的 7- 脱氢胆固醇转化为维生素 D_3，促进钙的吸收。

（4）少吃食盐，可减少尿中钙的排出。

（5）骨头汤、老母鸡汤中钙含量不高，每100毫升汤中含钙16~37毫克，补钙效果差，因脂肪含量较高，多食易导致肥胖。

钙并不是补充得越多越好，摄入过量的钙可能产生不良反应，有增加患肾结石以及高钙血症的危险，还会影响其他微量元素的吸收。近年来强化钙的食品越来越普遍，钙补充剂也越来越多，孕妈妈应该在医生的指导下服用，以免摄入过量的钙，对机体造成危害。

每日供给量

孕前	孕早期	孕中期	孕晚期
800 毫克 / 天	800 毫克 / 天	1000 毫克 / 天	1000 毫克 / 天

800 毫克钙 ≈ 300 毫升牛奶 + 100 克豆腐 + 1 个鸡蛋 + 100 克鲫鱼 + 200 克小白菜

奶酪鸡翅

原料：黄油、奶酪各50克，鸡翅6个，盐适量。

做法：①鸡翅洗净，用刀在两面轻划两道，入沸水汆烫，沥干，用盐腌制1小时。②黄油放入热锅中熔化，放入鸡翅。③用小火将鸡翅正反两面煎至金黄色，将奶酪擦成碎末，均匀地撒在鸡翅上。④待奶酪完全变软，并进入到熟烂的鸡翅中，关火装盘即可。

营养分析：奶酪中的钙容易被吸收，还含有丰富的维生素A，能保护眼睛，润泽肌肤。

牛奶核桃粥

原料：大米50克，核桃仁5颗，牛奶150毫升，白糖适量。

做法：①大米淘洗干净，放入锅中，加适量水，放入核桃仁，大火煮沸后转中火煮30分钟。②倒入牛奶，煮沸后加白糖调味即可。

营养分析：核桃仁富含钙、锌、钾、磷脂等营养素，与含钙丰富的牛奶搭配，营养更全面，很适合孕妈妈在孕早期食用。

维生素 D：冬春季孕妈妈容易缺乏

维生素 D 是一种脂溶性维生素，其中以维生素 D_2 与维生素 D_3 最重要。维生素 D 可增加钙和磷在肠内的吸收，是调节钙和磷正常代谢，维持血中钙和磷正常浓度所必需的营养素，对骨骼、牙齿的形成起到很重要的作用。

缺乏维生素 D 会影响分娩

如果孕妈妈膳食中缺乏维生素 D 或日光照射不够，会出现骨质软化，严重者可出现骨盆畸形，影响自然分娩。另外，产后也不能忽视维生素 D 的补充，尤其是母乳喂养的妈妈。

但也要注意不宜大量、长期服用，否则容易引起中毒，反而对身体造成伤害。

缺乏维生素 D 会影响胎儿骨骼生长

人体在日光照射下，可将皮肤中的 7- 脱氢胆固醇转变成维生素 D_3，促进钙吸收，因此，维生素 D 常被人们称为“阳光维生素”。如果孕妈妈维生素 D 不足，会影响胎儿骨骼生长，造成胎儿生长发育不足，容易导致婴幼儿佝偻病，所以尤其要注意维生素 D 的补充。

富含维生素 D 的食物

多晒太阳，吃富含维生素 D 的食物，就可以补充足够的维生素 D。含维生素 D 丰富的食物有鱼肝油、动物肝脏、鸡蛋黄、奶类（脱脂奶除外）、鱼、虾、奶制品等。如果缺乏过多，可以通过口服维生素 D 来补充体内所需，每天 400~800 国际单位（10~20 微克）比较合适。孕妈妈切记要谨遵医嘱，切勿过量，否则无益。

通过在营养门诊检测孕妈妈血液中的 25- 羟 - 维生素 D_3 的水平，发现春季和冬季是孕妈妈更容易缺乏维生素 D 的时期。所以，春季和冬季要多晒太阳。晒太阳时间以每周 2 次，每次 10~15 分钟，以不涂抹防晒霜为宜。

每日供给量

孕前	孕早期	孕中期	孕晚期
5 微克 / 天	10 微克 / 天	10 微克 / 天	10 微克 / 天
10 微克维生素 D ≈ 60 克三文鱼片 + 50 克鳗鱼			

姜汁撞奶

原料：全脂牛奶 250 克，姜汁 20 克，冰糖 10 克。

做法：①姜汁倒入碗中。②锅中倒入适量水，放入冰糖，煮至溶化，倒入全脂牛奶煮至沸，微滚 3 分钟。③立刻倒入装有姜汁的碗中，静置待奶凝结即可。

营养分析：这道甜点口感嫩滑，还能滋补身体，非常适宜孕妈妈在冬天食用。姜汁要用老姜磨成，牛奶要用全脂牛奶，否则奶汁很难凝结。

五彩滑虾仁

原料：虾仁 100 克、胡萝卜条、青椒条、冬笋条、山药条各 50 克，盐、料酒、胡椒粉、干淀粉、鸡蛋清、植物油各适量。

做法：①虾仁去虾线，洗净沥干，加料酒、鸡蛋清、盐、胡椒粉、干淀粉腌制上浆。②油锅烧热，放入虾仁划散变色，盛出备用。③锅内留少许底油，放入所有蔬菜翻炒，用盐、水、胡椒粉勾薄芡，倒入虾仁，翻炒均匀即可。

营养分析：虾仁中钙含量、镁含量丰富，钙镁的比例接近人体吸收钙的最佳比例，同时所含的维生素 D 为水产品之首，而维生素 D 可促进钙的吸收。

铁：储存不足，对宝宝影响很长远

铁在人体中含量为 4~5 克，含量虽小却作用特殊。它主要负责氧的运输和储存，参与血红蛋白的形成，将充足的养分送给胎宝宝。孕周越大，胎宝宝发育越完全，需要的铁就越多。适时补铁还可以改善孕妈妈的睡眠质量。

多补充血红素铁

根据食物来源，铁可分为血红素铁和非血红素铁：血红素铁主要来源为动物血和肝脏、红色肉类、蛋黄；非血红素铁主要来源为黑木耳、海带、豆制品、芝麻、绿色蔬菜。血红素铁的吸收率为 10%~20%，而植物性的非血红素铁的吸收率只有 1%~5%。

有关调查资料表明，我国孕妇孕期铁总摄入量并不低，但绝大多数为非血红素铁，吸收利用率差，因此，孕期缺铁性贫血的发病率较高。为避免孕期贫血的发生，孕妈妈在孕前就应预防贫血，孕中晚期应注意在食物中补充血红素铁，如一周可吃 1 次动物肝脏，经常吃些鸭血、鸡血等，炒菜尽量用铁锅。

补铁剂不宜与牛奶同时服用

牛奶中磷、钙会与体内的铁结合成不溶性的含铁化合物，影响铁的吸收，所以孕妈妈在服用补铁剂时不宜喝牛奶。补铁的同时适量补充维生素 C，这样更有利于铁的吸收。注意药物补铁应在医生指导下进行，过量的铁将影响锌的吸收利用。

TIPS

人们历来认为菠菜补铁，其实菠菜的含铁量并不高，而且其含有的草酸还会抑制铁的吸收，应避免过多食用。

每日供给量

孕前	孕早期	孕中期	孕晚期
20 毫克 / 天	20 毫克 / 天	24 毫克 / 天	29 毫克 / 天
29 毫克铁 ≈ 50 克鸭血 + 50 克猪肝			

牛肉炒菠菜

原料：牛里脊肉 50 克，菠菜 200 克，干淀粉、生抽、葱末、姜末、料酒、植物油各适量。

做法：①牛里脊肉洗净，切薄片，干淀粉、生抽、料酒、姜末放入碗中搅拌均匀，再放入牛肉片腌 30 分钟；菠菜洗净，焯烫沥干，切段。②油锅烧热，爆香姜末、葱末，再放入牛肉片，大火翻炒至熟，放入菠菜，翻炒均匀，加盐调味即可。

营养分析：牛肉是含铁丰富的食物，还具有补脾胃、益气血、强筋骨等作用。

芥菜干贝汤

原料：芥菜 50 克，干贝 5~7 颗，芝麻油、盐各适量。

做法：①芥菜洗净，切段；干贝用温水提前浸泡，入沸水汆熟，捞出。②锅中倒入适量水，放入芥菜段、泡好的干贝，等芥菜熟软后放盐和芝麻油调味即可。

营养分析：干贝属于高蛋白质食材，还含有丰富的锌、铁、硒等多种营养物质；芥菜含有丰富的维生素 C，能够促进铁的吸收。

DHA：重度缺乏易影响胎儿大脑发育

DHA（二十二碳六烯酸）是一种不饱和脂肪酸，和胆碱、磷脂一样，都是构成大脑皮层神经膜的重要物质，能维护大脑细胞膜的完整性，并有促进脑发育、提高记忆力的作用，故有“脑黄金”之称。DHA 还有助于胎宝宝视网膜细胞的生长发育。

DHA 促进神经网络形成

人的大脑约有 1 000 亿个神经元，这是大脑具有复杂功能的基础。大脑的发育要经过细胞的增殖、分化、迁移、死亡以及突触的形成与修饰等复杂过程，而孕期是胎宝宝大脑发育的关键时期，DHA 可以促进神经网络形成，使神经递质的释放和传递信息的速度加快，并能对伤亡的脑细胞起到明显的修复作用。妊娠的最后 3 个月，胎宝宝脑部的 DHA 会增加 3~5 倍，如果孕妈妈 DHA 严重摄入不足会影响胎儿的发育。

DHA 是视网膜的重要组成物质

DHA 缺乏时，胎宝宝的视觉功能受损，表现为视敏度发育迟缓，对光信号刺激的注视时间延长，从而影响反应能力和观察能力，甚至产生发育迟缓、流产、早产的危害。

富含 DHA 的食物

人体自身难以合成 DHA，必须从食物中获取。DHA 广泛存在于海产品中，如三文鱼、金枪鱼、带鱼等。另外，一些坚果类，如山核桃、开心果等富含 α - 亚麻酸，可以在人体肝脏中转化为 DHA，孕妈妈也可适当食用。如果对鱼类过敏或者不喜欢鱼腥味，孕妈妈可以在医生指导下服用 DHA 补充剂。

每日供给量

孕前	孕早期	孕中期	孕晚期
200 毫克 / 天	200 毫克 / 天	200 毫克 / 天	200 毫克 / 天
200 毫克 DHA ≈ 100 克金枪鱼片 + 1 小把坚果 + 1 个蛋黄			

香煎带鱼

原料：带鱼1条，盐、黑胡椒粉、白糖、植物油各适量。

做法：①带鱼处理干净，洗净沥干，切段；盐、白糖、黑胡椒粉放入碗中，搅拌均匀，再放入带鱼段，腌制40分钟。②油锅烧热，放入带鱼，煎至两面金黄即可。

营养分析：带鱼含有丰富的蛋白质、钙和维生素等营养成分，其含有的DHA，既对胎宝宝的大脑发育有利，还能改善孕妈妈的脾胃虚弱、水肿等症状。

香煎鳕鱼

原料：鳕鱼肉200克，柠檬半个，荷兰豆、小番茄、浓缩柠檬汁、白糖、盐、水淀粉、黑胡椒粉、植物油各适量。

做法：①柠檬切出一片；鳕鱼肉洗净，切块，加盐腌制，挤入适量柠檬汁；荷兰豆择洗干净；小番茄洗净，切块，入沸水焯烫，捞出沥干。②混合浓缩柠檬汁、白糖、水，小火煮3分钟，用水淀粉勾芡。③油锅烧热，放入鳕鱼块，两面煎至金黄色，盛出摆盘，淋上调味汁，撒上黑胡椒粉即可。

营养分析：鳕鱼属于深海鱼类，其DHA含量相当高，是有利于胎宝宝大脑发育的益智食物。

卵磷脂：增强记忆力的“好帮手”

卵磷脂是细胞膜的组成部分，主要用来保障大脑细胞膜的健康及正常功能，确保脑细胞的营养摄入和废物排出，保护脑细胞健康发育。卵磷脂既是神经细胞间信息传递介质的重要来源，也是大脑神经元的主要物质来源。充足的卵磷脂可促进宝宝大脑发育。

富含卵磷脂的食物

卵磷脂是非常重要的益智营养素，它可以提高信息传递速度和准确性，提高大脑活力，增强记忆力。蛋黄、大豆、动物肝脏、谷类、玉米油、葵花子油中卵磷脂的量都很多，但营养较完整、含量较高的主要集中于大豆、蛋黄和动物肝脏等食物。

每日供给量

孕前	孕早期	孕中期	孕晚期
400 毫克 / 天	500 毫克 / 天	500 毫克 / 天	500 毫克 / 天
400 毫克卵磷脂 ≈ 2 个鸡蛋			

丝瓜豆腐鱼头汤

原料：丝瓜 150 克，鱼头 1 个，豆腐 100 克，姜片、盐、植物油各适量。

做法：①丝瓜洗净，去皮、切块；豆腐切块；鱼头洗净，劈两半。②油锅烧热，爆香姜片，放入鱼头略煎，加适量水，大火烧沸后煲 30 分钟。③放入豆腐、丝瓜，小火煲 15 分钟，加盐调味即可。

营养分析：无论是豆腐还是鱼头都含有丰富的卵磷脂，还可以提供丰富的蛋白质。这道汤是孕妈妈补充卵磷脂的优选。

α－亚麻酸：提高胎宝宝智力

α－亚麻酸为人体必需脂肪酸，是组成大脑细胞和视网膜细胞的重要物质。α－亚麻酸对孕妈妈最重要的作用是：控制基因表达，优化遗传基因，转运细胞物质原料，控制养分进入细胞，影响胎宝宝脑细胞的生长发育，降低神经管畸形和各种出生缺陷的发生率。

富含 α－亚麻酸的食物

亚麻籽油是从亚麻的种子中提取的油脂，其中富含超过 50% 的 α－亚麻酸。含 α－亚麻酸多的食物还有核桃，深海鱼虾类，如石斑鱼、左口鱼、三文鱼、海虾等富含 α－亚麻酸的代谢产物 DHA 及 EPA。孕妈妈用亚麻籽油炒菜或者每天吃 1~3 个核桃，都可以补充 α－亚麻酸。

每日供给量

孕前	孕早期	孕中期	孕晚期
1000 毫克 / 天	1000 毫克 / 天	1000 毫克 / 天	1000 毫克 / 天
1000 毫克 α－亚麻酸 ≈  1~3 个核桃			

银耳核桃糖水

甜点

原料： 枸杞子 50 克，银耳 30 克，核桃仁 20 克，冰糖适量。

做法： ①枸杞子、核桃仁洗净；银耳用温水泡软，去蒂撕小片。②锅中倒入适量水烧开，放入银耳片、枸杞子，小火煲 30 分钟。③放入核桃仁，再煲 10 分钟。最后放入冰糖煮溶化即可。

营养分析： 核桃富含 α－亚麻酸，可补脑、增强记忆力；枸杞子能补肝肾，对眼睛有益；银耳滋阴润肺、润肤养颜。

碘：孕期补充，“碘”到为止

碘是人体必需的微量元素之一，负责调节体内代谢和蛋白质、脂肪的合成与分解。碘是人体甲状腺素的组成成分，甲状腺素能够促进人体的生长发育，同时也是维持人体正常新陈代谢的主要物质。胎宝宝需要足够的碘来确保身体的生长发育。

海产品含碘丰富

含碘丰富的食物有海带、紫菜、海蜇、海虾等海产品。如果因为妊娠反应需要忌口的话，孕妈妈可以在日常烹饪时使用加碘盐，但是碘遇热易升华，加碘盐应存放在密闭容器中，于阴凉处保存，炒菜时在菜熟后再加入碘盐，尽量减少碘的流失。

在孕晚期，每周进食 1 次海带，每次约 50 克(水发)，就能为孕妈妈补充足够的碘。含碘食物与含 β－胡萝卜素、脂肪的食物一起食用，碘的吸收效果更好。当然，碘也不可过量摄入，否则可能会导致孕妈妈患甲状腺疾病。同时作为一种微量元素，碘摄入过量也会发生中毒。

每日供给量

孕前	孕早期	孕中期	孕晚期
120~150 微克 / 天	230 微克 / 天	230 微克 / 天	230 微克 / 天
120~150 微克碘 ≈ 6 克碘盐			

虾皮紫菜汤

原料：紫菜 10 克，鸡蛋 1 个，虾皮、香菜、盐、葱花、姜末、芝麻油各适量。

做法：①虾皮、紫菜洗净，紫菜撕小块；鸡蛋打散；香菜择洗干净，切段。②油锅烧热，用姜末炝锅，放入虾皮略炒一下，倒入适量水，烧沸后，淋入蛋液，放入紫菜、香菜、盐、葱花、芝麻油，再次烧沸后盛出即可。

营养分析：紫菜和虾皮都是补碘补钙的食物，这道汤简便易做，适合孕妈妈在整个孕期食用。

锌：保证胎宝宝神经正常发育

锌是人体必需的微量元素之一。锌不但参与人体重要代谢过程，对提高人体的免疫功能、生殖功能也有很重要的影响。在孕期，锌可预防胎宝宝畸形、脑积水等，维持胎宝宝的健康发育，帮助孕妈妈顺利分娩。

补锌以动物性食品为宜

锌在牡蛎中含量十分丰富，鱼、牛肉、羊肉及贝壳类海产品中也含有比较丰富的锌。谷类中的植酸会影响锌的吸收，孕妈妈补锌应以动物性食物为宜。锌和维生素A、维生素C、蛋白质一起服用可以增强人体免疫力，在做孕期营养餐时不妨将食物进行科学搭配后食用。

每日供给量

孕前	孕早期	孕中期	孕晚期
7.5毫克/天	9.5毫克/天	9.5毫克/天	9.5毫克/天
7.5~9.5毫克锌 ≈  100克牡蛎			

肉蛋羹

原料：猪里脊肉60克，鸡蛋1个，盐、芝麻油各适量。

做法：①猪里脊肉洗净，剁成泥。②鸡蛋打入碗中，加适量水，再加入肉泥和盐，朝一个方向搅拌均匀，放入蒸锅蒸15分钟。③出锅后，淋上适量芝麻油即可。

营养分析：猪肉和鸡蛋都是含锌丰富的食物，同时也都富含蛋白质，可以为孕妈妈带来丰富的营养。

维生素 A：不足和过量都有害

维生素 A 又名视黄醇，不仅可促进胎宝宝视力的发育，增强机体抗病能力，益于牙齿和皮肤黏膜健康，还能促进孕妈妈产后乳汁的分泌。β－胡萝卜素能够在人体内转化为维生素 A，前者广泛存在于各种深绿色及红黄色蔬菜、水果中，如西蓝花、胡萝卜等。

摄入不足的危害

维生素 A 是视紫红质的组成成分，人体如果缺乏维生素 A，视紫红质合成量不足，在暗光下就会看不清四周的物体，这种现象被称为“夜盲症”。

维生素 A 能促进蛋白质的生物合成及骨细胞的分化，从而促进机体生长及骨骼发育。维生素 A 严重不足时，可导致骨骼和其他器官畸形。另外，维生素 A 还有促进上皮细胞生长和分化的作用，如果缺乏维生素 A，皮肤会变厚、干燥，形成类似“鸡皮疙瘩”的突起；幼儿则出现腹泻和呼吸道感染症状。

研究发现，妊娠期缺乏维生素 A，可引起孕妈妈流产、胎宝宝发育不良等。

过量摄入引起胎儿畸形

孕期应适当补充维生素 A，但不可过量，摄入过量会引起胎儿畸形。曾有报道，孕妈妈在妊娠期摄入大量维生素 A，其生出的婴儿有肾脏畸变。

β－胡萝卜素：补充维生素 A 的好搭档

维生素 A 最好的食物来源是动物内脏、鱼肝油、牛奶、鸡蛋等；β－胡萝卜素的良好来源是深色蔬菜，如菠菜、胡萝卜、豌豆苗、辣椒等。安全起见，孕妈妈最好不要在孕期服用鱼肝油，动物内脏也以一周 1 次（50~100 克）为宜，以免过量。此外，也可以吃一些富含 β－胡萝卜素的食物，在人体内可转化为维生素 A。

每日供给量

孕前	孕早期	孕中期	孕晚期
700 微克 / 天	700 微克 / 天	770 微克 / 天	770 微克 / 天
700 微克维生素 A ≈ 200 毫升牛奶 + 1 个鸡蛋 + 50 克胡萝卜			

胡萝卜牛肉丝

原料：牛肉 50 克，胡萝卜 150 克，生抽 15 克，盐、干淀粉、葱花、姜末、料酒、植物油各适量。

做法：①牛肉洗净切丝，用葱花、姜末、干淀粉、生抽、料酒腌制 10 分钟。②胡萝卜洗净切丝。③油锅烧热，倒入牛肉丝翻炒至熟，倒入胡萝卜丝翻炒至熟，出锅前加盐调味即可。

营养分析：胡萝卜含有丰富的 β-胡萝卜素，有利于人体生成维生素 A。牛肉中的油脂还有利于胡萝卜中的 β-胡萝卜素被良好吸收。

罗宋汤

原料：番茄 1 个，胡萝卜 50 克，白菜、番茄酱、白糖、黄油各适量。

做法：①番茄洗净，去皮切丁；胡萝卜洗净，去皮切丁；白菜洗净切丝。②锅内放黄油，中火加热，待黄油半熔化后，加番茄丁翻炒出香味，加番茄酱。③锅中加水，放入胡萝卜丁，炖至胡萝卜丁绵软、汤汁浓稠。④放入白菜丝，煮 10 分钟，加白糖调味即可。

营养分析：胡萝卜中富含 β-胡萝卜素，可促进胎宝宝骨骼和视力发育。

维生素 C：确保胎宝宝造血系统健全

维生素 C 又称为抗坏血酸，能够预防坏血病，还可促进胶原组织形成，维持牙齿和骨骼的发育，促进铁的吸收。维生素 C 最为人熟知的作用是它能增加机体的抗病能力，促进伤口愈合，并具有防癌、抗癌的作用。对于胎宝宝来说，它可以预防发育不良。

维生素 C 多存在于新鲜蔬菜和水果中

水果中的鲜枣、鲜柑橘、草莓、猕猴桃等维生素 C 含量较高；蔬菜中以番茄、辣椒、豆芽中的维生素 C 含量较高。孕妈妈只要正常进食新鲜蔬菜和水果，一般不会缺乏维生素 C。蔬菜中的维生素 C，通常叶部的含量比茎部含量高，新叶比老叶含量高，有光合作用的叶部含量更高。先洗后切，洗菜时速度要快，烹调时应快炒，少加或不加水，这些都能减少维生素 C 的流失。

每日供给量

孕前	孕早期	孕中期	孕晚期
100 毫克 / 天	100 毫克 / 天	115 毫克 / 天	115 毫克 / 天
100 毫克维生素 C ≈ 200 克番茄 + 100 克西蓝花			

番茄炖豆腐

原料： 番茄 2 个，豆腐 1 块，葱花、盐、植物油各适量。

做法： ①番茄洗净，切片，油锅烧热，放入番茄片炒出汤汁。②豆腐切条，放入番茄汤中，加水、盐，大火煮沸后转中小火慢炖，10 分钟左右收汤，盛出后撒葱花即可。

营养分析： 番茄是维生素 C 的良好来源，而豆腐中的蛋白质，其氨基酸组成比较好，能够提供多种人体所必需的氨基酸。

维生素 E：预防自然流产

维生素 E 有很好的抗氧化作用，可以延缓衰老，预防大细胞性溶血性贫血，促进胎宝宝的良好发育，在孕早期常被用于保胎安胎。医学上常采用维生素 E 治疗男性不育症、女性不孕症及先兆流产，所以维生素 E 又名“生育酚”。

植物油富含维生素 E

成人一般不易缺乏维生素 E，但新生儿特别是早产儿体内维生素 E 贮存较少，所以容易发生新生儿溶血性贫血；孕妈妈维生素 E 缺乏，还会使新生儿出现内脏或颅内出血。维生素 E 广泛存在于各种食物中，来源主要有麦胚油、葵花子油、芝麻油等。

每日供给量

孕前	孕早期	孕中期	孕晚期
14 毫克 / 天	14 毫克 / 天	14 毫克 / 天	14 毫克 / 天
14 毫克维生素 E ≈  20 克芝麻油			

黑木耳炒黄花菜 小炒

原料：干黑木耳 20 克，鸡蛋 2 个，黄花菜 80 克，葵花子油、盐、水淀粉各适量。

做法：①干黑木耳泡发洗净，撕小片；黄花菜泡发洗净，挤干；鸡蛋打散。②油锅烧热，倒入蛋液划散，炒熟盛出。③锅中留少许油，放入黑木耳、黄花菜煸炒，加水、盐翻炒至熟入味，放入炒好的鸡蛋，用水淀粉勾芡即可。

营养分析：黑木耳含有丰富的维生素 B_2，有益于胎宝宝的发育；葵花子油富含维生素 E，每天用 2 勺葵花子油炒菜即可。

B族维生素：保证胎宝宝正常发育

B族维生素是维持人体正常机能与代谢活动不可或缺的水溶性维生素，人体无法自行合成的，必须额外补充。对于孕妈妈来说，重要的B族维生素包括维生素B_1、维生素B_2、维生素B_6、维生素B_{12}，它们各自承担着不同的作用。

维生素B_1：神经功能的重要助手

维生素B_1又被称为"精神性的维生素"，不但对神经组织和精神状态有良好的影响，还参与糖的代谢，对维持胃肠道的正常蠕动、消化腺的分泌、心脏及肌肉等的正常功能起重要作用；还能帮助胎宝宝生长发育，并维持正常代谢。

谷类是维生素B_1的主要来源

维生素B_1主要来源于各种谷类，特别是粗粮，如小米、玉米等；瘦肉、豆类、坚果中含量也较多。粮食碾磨得越精细，维生素B_1损失得越多，所以孕妈妈不能总吃精白米面。在动物内脏如猪肾、猪心，蛋类如鸡蛋、鸭蛋，绿叶蔬菜如芹菜叶、莴笋叶中，维生素B_1的含量也较高。此外，在蜂蜜、土豆中也含有一定量的维生素B_1。

每日供给量

孕前	孕早期	孕中期	孕晚期
1.2毫克/天	1.2毫克/天	1.4毫克/天	1.5毫克/天
1.2毫克维生素B_1 ≈ 200克豌豆 + 150克鸡肉 + 100克小麦			

豌豆鸡丝

原料：鸡肉150克，豌豆200克，高汤、盐、水淀粉、植物油各适量。

做法：①豌豆洗净，入沸水焯烫沥干；鸡肉洗净，切丝。②油锅烧热，放入豌豆、鸡肉丝，炒至鸡肉变色，加盐、高汤，用水淀粉勾芡即可。

营养分析：豌豆富含维生素B_1；鸡肉能够提供优质蛋白质。

维生素 B_2：避免胎宝宝发育迟缓

维生素 B_2 又称核黄素，是人体许多黄素酶辅酶的组成成分，它会参与机体内三大产能营养素（蛋白质、脂肪、碳水化合物）的代谢过程，促进机体生长发育，提高记忆力；能将食物中的添加物转化为无害的物质，强化肝功能，调节肾上腺素的分泌，保护皮肤。

维生素 B_2 在动物性食物中含量更高

维生素 B_2 存在于多种食物中，一般动物性食物含量比植物性食物高。动物性食物中动物肝脏的维生素 B_2 含量尤为丰富，奶、奶酪、蛋黄、鱼类罐头等食品中含量也不少。植物性食物中大豆、小麦胚芽粉、绿色蔬菜等也含有维生素 B_2。

光照和碱性环境、水煮方式都会破坏食物中的维生素 B_2，所以在保存和食用的时候要避免以上环境。此外，磺胺药剂、雌性激素、酒精也不利于维生素 B_2 的稳定吸收。

每日供给量

孕前	孕早期	孕中期	孕晚期
1.2 毫克 / 天	1.2 毫克 / 天	1.4 毫克 / 天	1.5 毫克 / 天
1.2 毫克维生素 B_2 ≈  20 克奶酪 + 40 克猪肝			

西芹奶酪蛋汤 （汤）

原料： 奶酪 20 克，鸡蛋 1 个，西芹 100 克，胡萝卜小半根，高汤、面粉、盐、植物油各适量。

做法： ①西芹、胡萝卜洗净切丁。②鸡蛋打散，与面粉、奶酪一起，制成蛋糊。③高汤煮沸，倒入蛋糊，撒上西芹丁、胡萝卜丁点缀，加盐调味即可。

营养分析： 奶酪中的维生素 B_2 含量丰富，口味和酸奶类似，是孕妈妈喜欢的味道。食用奶酪蛋汤可以为孕妈妈补充钙质和各种维生素。

维生素 B_6：缓解妊娠剧吐

维生素 B_6 是中枢神经系统活动、血红蛋白合成以及糖原代谢所必需的辅酶的组成成分，与蛋白质、脂肪代谢密切相关，缺乏时易引起小细胞低色素贫血、神经系统功能障碍、脂肪肝、脂溢性皮炎等。

动物肝脏中维生素 B_6 含量较高

孕早期如缺乏维生素 B_6，可加重妊娠恶心呕吐反应；孕中晚期如缺乏维生素 B_6，容易导致妊娠期高血压综合征的发生。食物中的维生素 B_6 含量以动物肝脏较高；其次为白色肉类，如鱼肉、鸡肉。另外，豆类、蛋黄、水果、蔬菜中含量也较多。

每日供给量

孕前	孕早期	孕中期	孕晚期
1.4 毫克 / 天	2.2 毫克 / 天	2.2 毫克 / 天	2.2 毫克 / 天
 1.4~2.2 毫克维生素 B_6 ≈ 150 克黄豆 +  100 克猪肝 +  50 克西蓝花			

干烧黄花鱼

原料：黄花鱼 200 克，鲜香菇 4 朵，五花肉 50 克，蒜片、姜片、料酒、生抽、白糖、盐、植物油各适量。

做法：①黄花鱼处理干净；鲜香菇、五花肉洗净，切丁。②油锅烧热，放入黄花鱼，煎至两面微黄盛出。③另起油锅烧热，放入五花肉丁和姜片，用小火煸炒，再放入剩下所有食材和调料，加适量水煮沸，转小火，15 分钟后即可出锅。

营养分析：黄花鱼富含蛋白质和 B 族维生素，可促进胎宝宝的生长发育。

维生素 B_{12}：具有造血功能的维生素

维生素 B_{12} 是人体三大造血原料之一。它是一种水溶性维生素，又是唯一含有金属元素钴的维生素，故又称为钴胺素。维生素 B_{12} 除了对血细胞的生成及中枢神经系统的完整性很关键外，还有消除疲劳，缓解恐惧、气馁等不良情绪的作用，可以说对胎宝宝的生长发育和孕妈妈的身体健康都非常重要。

和叶酸、钙一起摄取更好吸收

维生素 B_{12} 主要存在于动物食品中，其中肉和肉制品是主要来源，尤其是牛肉和动物内脏如牛肾、猪肝、猪心、猪肠等；在海产品中，如鱼、蟹等，以及牛奶、鸡蛋、奶酪中，维生素 B_{12} 的含量也很丰富。

孕妈妈在补充维生素 B_{12} 时应注意，维生素 B_{12} 很难直接被人体吸收，和叶酸、钙一起摄取可使维生素 B_{12} 有较好的吸收利用效果，有利于维持人体的功能活动。

每日供给量

孕前	孕早期	孕中期	孕晚期
2.4 微克 / 天	2.9 微克 / 天	2.9 微克 / 天	2.9 微克 / 天
2.4 微克维生素 B_{12} ≈  200 克牛肉 + 50 克猪肝			

青蛤豆腐汤

汤

原料：青蛤 150 克，北豆腐 150 克，竹笋 50 克，豌豆苗 50 克，盐适量。

做法：①北豆腐、竹笋洗净，切片；豌豆苗洗净，切段；青蛤去壳，泡洗干净。②锅中加水、北豆腐、竹笋片煮沸，加盐、青蛤再煮 5 分钟，最后撒上豌豆苗即可。

营养分析：青蛤富含维生素 B_{12}，豆腐能补充钙和蛋白质。这道汤营养丰富，鲜甜味美，简单易做，是孕期的理想汤品。

怀孕期间，吃的原则很简单：找准营养餐单里的重要角色，精准地管理体重，瘦孕真的没那么难！

第三章

孕期 40 周同步营养方案

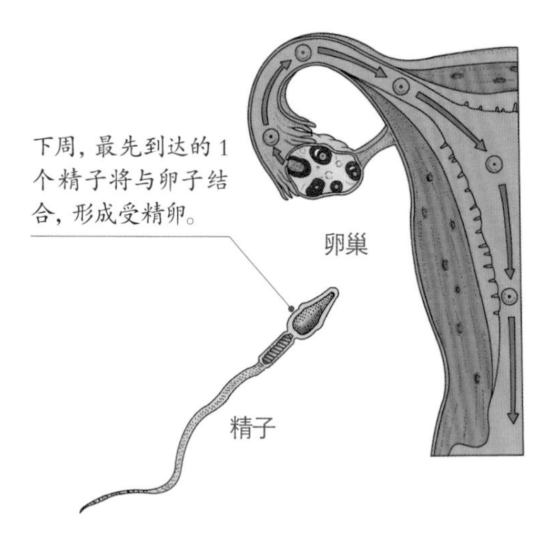

第1周

胎宝宝：精强卵壮，只待火星撞地球

现在，胎宝宝连个影儿都还没有呢，而是分别以卵子和精子的形式存在孕妈妈和准爸爸的身体内。你们良好的备孕状态，会让即将孕育出的胎宝宝赢在起跑线上。

孕妈妈：正处在月经期

此时的孕妈妈还处于准备期。不过，孕妈妈也在忙碌着，学会计算排卵期，同时在工作与生活之间寻找一个平衡点，争取以健康的身体和轻松愉悦的心情，等待宝贝的到来。

体重管理：保持正常

此时保持正常的体重即可，既不要暴饮暴食，也不要节食减肥。但如果过胖或过瘦，则要根据医生的建议，适当减重或增重。

营养重点：叶酸、蛋白质、铁

叶酸	蛋白质	铁
备孕女性每天服用充分的叶酸，12 周后体内叶酸就能达到正常水平。为了避免胎儿神经管畸形，孕妈妈在怀孕前 3 个月就应该开始补充叶酸，按照每日约 600 微克的摄取量一直补充到怀孕后第 3 个月结束。另外，在整个孕期都要注意在饮食中摄入富含叶酸的食物。	怀孕之后，孕妈妈身体的变化、血液量的增加，胎宝宝的生长发育，以及孕妈妈每日活动的能量需求，都需要从食物中摄取大量蛋白质。为防止在孕早期缺乏蛋白质而造成胎宝宝发育迟缓，甚至造成胚胎畸形。孕早期蛋白质需求应达到每日 55~60 克。	孕期缺铁不仅容易造成孕妈妈贫血，还会导致胎宝宝生长发育迟缓，出生后容易患新生儿贫血，所以孕早期每日确保摄入铁 20 毫克。药物补铁应在医生指导下进行，过量的铁将影响锌的吸收利用。
推荐食物：黄豆、菠菜、西蓝花、香菇、猕猴桃、香蕉、番茄。	**推荐食物**：鸡蛋、瘦肉、牛奶、豆浆。	**推荐食物**：紫菜、鸭血、黑木耳、瘦肉、猪肝。

瘦孕营养三餐

虽然受精卵还没有形成，但孕妈妈的营养不可少，要多吃一些富含叶酸、蛋白质和铁的食物，如菠菜、油菜等绿叶蔬菜以及牛奶、鸡蛋和瘦肉等，为打造健壮的卵子做准备。另外，孕妈妈要避免吃一些刺激性的食物，如冷饮、酒、咖啡、浓茶等。

鸡蛋三明治

原料：吐司2片，生菜叶1片，番茄1个，熟火腿1片、奶酪、鸡蛋、番茄酱、植物油各适量。

做法：①生菜叶洗净；番茄洗净，切片；鸡蛋用少量油煎熟。②在一片吐司上依次铺上生菜叶、熟火腿、番茄片、奶酪、鸡蛋，涂抹番茄酱，盖上另一片吐司，对半切开即可。

营养点评 尽量选择全麦吐司，因为属于粗粮，孕妈妈常吃可以改善便秘。鸡蛋富含蛋白质，能调节孕妈妈免疫力，促进胎宝宝发育。

虾仁西蓝花

原料：西蓝花100克，虾仁50克，彩椒、鸡蛋清、盐、姜片、蚝油、植物油各适量。

做法：①虾仁去虾线，洗净沥干，裹上鸡蛋清搅拌均匀；西蓝花洗净，掰小朵；彩椒洗净，切片。②油锅烧热，爆香姜片，倒入西蓝花、彩椒片翻炒均匀，倒入裹好鸡蛋清的虾仁，加蚝油、盐，翻炒均匀即可。

营养点评 虾肉中富含蛋白质和钙，并且其脂肪含量低。另外，西蓝花还含有丰富的叶酸，适合孕妈妈食用。

红烧土豆肉丸

烧菜

原料：五花肉 300 克，鸡蛋 1 个，土豆 1~2 个，老抽、生抽、盐、葱、姜、水淀粉、植物油各适量。

做法：①葱、姜、五花肉分别洗净；葱切段，留少许切葱花；姜切片；五花肉切块；三者一同放入破壁机中，启动破壁机，搅打五花肉至细腻的肉泥。②取肉泥放入碗中，打入鸡蛋，加盐，搅拌均匀，倒入水淀粉，继续搅拌。③锅中倒油，烧至五成热，取肉泥挤成肉丸，放入油锅，炸至表面金黄变硬，捞出沥油。④锅中留底油，下入葱段、姜片爆香，加适量水，倒入切块的土豆，大火烧开，下入炸好的肉丸，中小火炖约 15 分钟，最后加生抽、老抽和盐。

营养点评 土豆含有丰富的膳食纤维，能润肠通便。

肉松香豆腐

原料：豆腐 200 克，肉松 30 克，蒜片、椒盐、植物油各适量。

做法：①豆腐切块。②油锅烧热，爆香蒜片，放入豆腐块，用小火两面煎。③豆腐煎至金黄色后加椒盐、肉松，将豆腐翻面，均匀地沾上肉松即可。

营养点评 豆腐富含植物蛋白，且热量较低；肉松的主要营养成分有碳水化合物、脂肪、蛋白质和多种矿物质，而且胆固醇含量低。此道菜味道鲜美，干软酥松，易于消化。

银耳花生汤

原料：银耳 5 朵，花生仁 10 颗，红枣 4 颗，白糖适量。

做法：①银耳用温水泡发，去根洗净；红枣洗净，去核。②锅中倒入水，煮开，放入花生仁、红枣，待花生仁煮熟时，放入银耳煮 15 分钟，最后加白糖调味即可。

营养点评 银耳含天然植物胶质，能够润泽肌肤，还可以滋补脾胃。

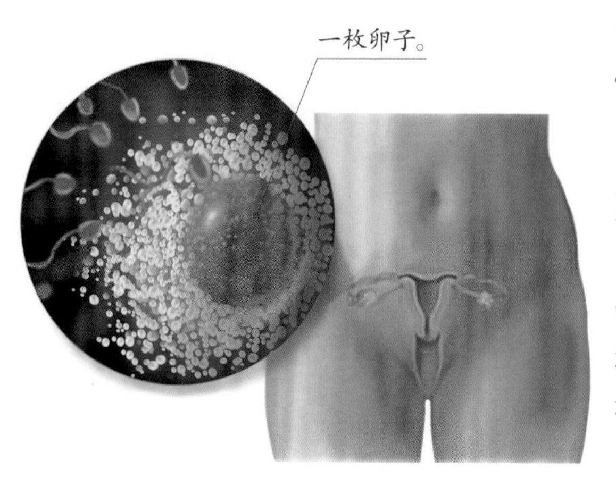

第 2 周

胎宝宝：精子和卵子幸福相遇

孕妈妈月经结束，精子进入孕妈妈体内，会在输卵管中摆着“尾巴”逆流而上。经过长途跋涉，剩下的已经为数不多，最后速度最快、最强壮的一个与卵子幸福相遇并结合。

孕妈妈：开始进入排卵期

孕妈妈在本周末开始进入排卵期。有一个卵细胞发育成熟，并释放出来，准备与精子结合。卵子一般在排出后 15~18 小时受精效果较好。

体重管理：不要暴饮暴食

本周孕妈妈体重增长并不明显，几乎与上一周没有什么变化。如果体重增长过快，可能存在营养过剩或营养摄入不均衡的情况，不可暴饮暴食，并且减少脂肪的摄入量。

营养重点：蛋白质、碘、铁

蛋白质	碘	铁
这一时期孕妈妈对蛋白质的摄取不仅要充足还要优质，每天在饮食中应摄取 55~60 克，为后面受精卵的正常发育做储备。一般来说，每周吃 1~2 次鱼或者虾、干贝等水产品，每天保证摄入 1~2 个鸡蛋、200 毫升牛奶和 100~150 克肉类，再吃点花生、核桃等零食即可。	孕妈妈缺碘，会使胎宝宝甲状腺素合成不足，使大脑皮层中分管语言、听觉和智力的部分发育不全，甚至会造成流产、先天畸形等不良后果。孕早期碘的摄入量为每日 230 微克，相当于每日食用 6 克碘盐，加一周 1~2 次海带或紫菜。	铁元素分植物性与动物性两大类，本周孕妈妈可吃一次猪肝（不超过 50 克），结合每日摄入瘦肉、鱼类中的铁，即可满足身体对铁的需求。
推荐食物：鸡蛋、瘦肉、牛奶、豆浆。	**推荐食物**：海带、带鱼、紫菜。	**推荐食物**：猪肝、葡萄干、瘦肉、银耳。

瘦孕营养三餐

卵子发育成熟，孕妈妈在饮食上要保证蛋白质、碘、铁等营养素的充足供给，也要多吃一些水果补充维生素，如香蕉、草莓、橙子和橘子。每天 1 根香蕉，或 1 个橙子、橘子，或 100 克草莓就够了。

扫一扫 跟着做

扬州炒饭 

原料：米饭100克，鸡蛋1个，火腿25克，黄瓜、豌豆、虾仁各50克，葱花、盐、植物油各适量。

做法：①米饭打散；鸡蛋加盐打散；黄瓜洗净，和火腿一起切丁；豌豆洗净；虾仁洗净，去虾线。②油锅烧热，倒入打散的鸡蛋，炒成块，盛出备用。③油锅烧热，爆香葱花，放入火腿丁、豌豆、虾仁翻炒出味，倒入米饭、鸡蛋块、黄瓜丁翻炒开，出锅前加盐翻炒均匀即可。

营养点评 鸡蛋、虾仁均含有丰富的优质蛋白，有助于孕妈妈提高身体免疫力。但是炒饭热量比一般米热量高些，偏胖的孕妈妈要少量食用，烹饪时宜少放油。

胡萝卜炖牛肉 

原料：牛肉100克，胡萝卜150克，姜末、干淀粉、生抽、料酒、盐、植物油各适量。

做法：①牛肉洗净，切块，用姜末、干淀粉、生抽、料酒腌制10分钟；胡萝卜洗净，去皮、切块。②油锅烧热，放入腌好的牛肉块翻炒，加水，大火烧沸，转中火炖至六成熟，加胡萝卜块，炖熟后加盐调味即可。

营养点评 牛肉高蛋白、低脂肪，且相比鸡肉等其他肉类，还含有丰富的铁元素。但是炖制菜肴常带有浓汤，而汤汁中混有较多的油脂和盐分，孕妈妈应避免食用过多汤汁。

鲜蘑炒豌豆

小炒

原料：口蘑 15 朵，豌豆 250 克，高汤、盐、水淀粉、植物油各适量。

做法：①口蘑去根洗净，切丁；豌豆洗净。②油锅烧热，放入口蘑丁和豌豆翻炒，加适量高汤煮熟，加盐调味，用水淀粉勾薄芡即可。

营养点评 口蘑含蛋白质和硒、钙、镁、锌等多种矿物元素，能强肾补虚，调节免疫力。豌豆富含蛋白质、钙、磷和 B 族维生素，有助于胎宝宝发育。另外，豌豆丰富的膳食纤维，可以促进肠道蠕动，预防和改善孕期便秘。

荷兰豆炒鸡柳

原料：荷兰豆 200 克，胡萝卜 50 克，鸡胸肉 100 克，鸡蛋清、干淀粉、姜片、盐、植物油各适量。

做法：①荷兰豆择洗干净，胡萝卜洗净，去皮、切片，分别入沸水焯烫；鸡胸肉洗净，切条，用鸡蛋清、干淀粉腌制 15 分钟。②油锅烧热，爆香姜片，加鸡胸肉条翻炒至变色，放入荷兰豆、胡萝卜片翻炒均匀，加盐调味即可。

营养点评 荷兰豆富含维生素 B_1，有助于缓解焦虑，稳定情绪。荷兰豆中丰富的膳食纤维，能促进孕妈妈肠道蠕动，保持大便通畅。

草莓银耳汤

原料：银耳 20 克，樱桃、草莓、冰糖、核桃仁各适量。

做法：①银耳洗净，浸泡，切碎；樱桃、草莓洗净，草莓对半切开。②锅中倒入适量水，放入银耳，大火烧开，转小火煮 30 分钟，加冰糖煮至熔化。③加樱桃、草莓、核桃仁，稍煮即可。

营养点评 银耳中含多种营养成分，可以调节孕妈妈的免疫力。这道甜点清爽开胃，非常适合早孕反应较严重的孕妈妈食用。

第3周

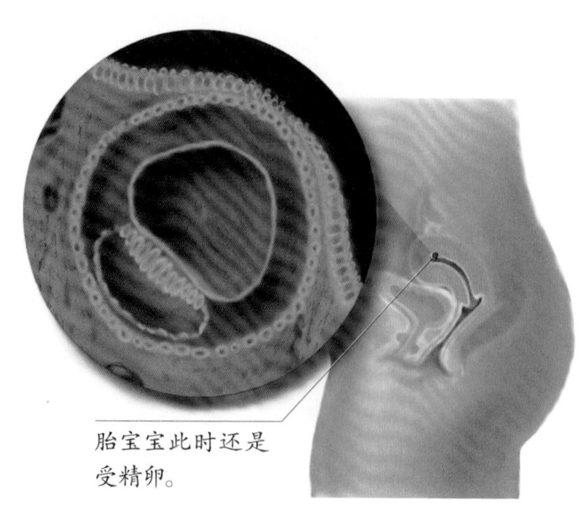

胎宝宝此时还是受精卵。

胎宝宝：受精卵变成“小桑葚”

受精卵从输卵管分泌的液体中吸取营养和氧气，不断进行细胞分裂，由最初的一个细胞分裂成多个细胞，并成为一个总体积不变的实心球形细胞团，称为桑胚体。桑胚体看起来就像一个“小桑葚”。

孕妈妈：还未察觉到怀孕了

在这一时期，孕妈妈可能还没有什么感觉，但体内却在进行着一场变革。从现在开始，孕妈妈和准爸爸肩膀上便多了一份责任。因为，胎宝宝的健康成长从此与你们息息相关。

体重管理：每天测体重

制作一张体重记录表，从本周开始每天称量体重并记录。体重记录表的内容应包括：孕期时间、每天体重、体重增加值等。为了更准确有效地监测体重，体重测量最好在每天的同一时间进行。

营养重点：维生素 C、维生素 E、维生素 B_{12}

维生素 C	维生素 E	维生素 B_{12}
保证维生素 C 的摄入，可以提高孕妈妈的身体抵抗力。怀孕期间缺乏维生素 C，不仅影响孕妈妈对铁的吸收，出现孕期贫血，还会引发牙龈肿胀出血、牙齿松动，并影响胎宝宝对铁的吸收，出现新生儿先天性贫血及营养不良。孕早期推荐量为每日 100 毫克。	维生素 E 是所有具有生育酚生物活性的色酮衍生物的统称，有很强的抗氧化作用，可以延缓衰老，预防大细胞性溶血性贫血，促进胎宝宝良好发育。在孕早期常被用于保胎安胎。孕妈妈每日用富含维生素 E 的玉米油炒菜，即可获得充足的摄入量。	维生素 B_{12} 主要存在于动物性食物中，其中肉和肉制品是主要来源，尤其是牛肉、动物内脏、水产品如鱼类等。牛奶、鸡蛋、奶酪中的维生素 B_{12} 含量也很丰富。孕早期推荐量为每日 2.9 微克，每日 1 杯牛奶（200 毫升）加富含维生素 B_{12} 的膳食即可满足需要。
推荐食物： 猕猴桃、橙子、番茄、冬枣、甜椒。	**推荐食物：** 玉米油、黑芝麻、核桃、葵花子、小麦胚芽。	**推荐食物：** 牛肉、猪肝、牛奶、鱼。

瘦孕营养三餐

受精卵在子宫腔着床后开始迅速发育，对各种营养素的需求逐渐增多。孕妈妈此时应该多吃富含优质蛋白质的食物，并多吃新鲜水果，尤其要保证维生素 C 的摄入，以提高身体的抵抗力，同时还要继续坚持补充叶酸。

小米蒸排骨

原料：猪排骨100克，小米50克，料酒、冰糖、甜面酱、豆瓣酱、植物油、盐各适量。

做法：①猪排骨洗净，斩成段；小米洗净。②猪排段放在碗中，加豆瓣酱、甜面酱、冰糖、料酒、盐、植物油拌匀，裹上小米装入蒸碗内，上笼用大火蒸熟，取出装盘即可。

营养点评 小米B族维生素含量丰富，与猪排骨蒸煮食用，可以降低油脂的摄取，适合偏胖的孕妈妈食用。

凉拌藕片

原料：莲藕200克，柠檬半个，蜂蜜、盐各适量。

做法：①莲藕洗净，去皮，切薄片，沸水中加盐，焯熟藕片，捞出晾凉。②柠檬挤汁，加适量蜂蜜调和；柠檬皮切丝。③将调好的柠檬蜂蜜汁淋在藕片上，放上柠檬皮丝做装饰即可。

营养点评 莲藕中含有丰富的维生素、蛋白质、铁等营养素，营养价值很高。莲藕中还含有丰富的膳食纤维，可以缓解孕妈妈便秘的症状。

宫保素三丁

小炒

原料： 土豆 200 克，黄瓜、甜椒各 100 克，花生仁 50 克，葱花、白糖、盐、水淀粉、芝麻油、植物油各适量。

做法： ①土豆洗净，去皮、切丁；黄瓜、甜椒洗净，切丁。②油锅烧热，煸香葱花，放入土豆丁、花生仁炒熟，放入黄瓜丁、甜椒丁，大火快炒，加白糖、盐调味，用水淀粉勾芡，最后淋芝麻油即可。

营养点评 土豆的维生素 C 含量高于许多粮食作物，且其蛋白质、碳水化合物含量又高于许多蔬菜，且容易被人体吸收利用。

蜂蜜南瓜

原料： 南瓜 300 克，红枣、枸杞子、蜂蜜、姜片、植物油各适量。

做法： ①南瓜洗净，去皮、瓤，切丁；红枣、枸杞子用温水泡发。②切好的南瓜丁放入盘中，加姜片、泡发好的红枣、枸杞子，入蒸笼蒸 15 分钟。③锅内倒入少量植物油，加水和蜂蜜，小火熬制成汁，倒在蒸好的南瓜上即可。

营养点评 南瓜含有大量的 β - 胡萝卜素、锌、铁以及叶酸，能够促进红细胞的合成，有助于气血双补，十分适合孕妈妈食用。

五彩玉米羹

原料： 嫩玉米粒 50 克，鸡蛋 1 个，豌豆、枸杞子、青豆、冰糖、水淀粉各适量。

做法： ① 嫩玉米粒洗净；鸡蛋打散；豌豆、青豆、枸杞子洗净。②嫩玉米粒放入锅中，加水煮至熟烂，放入青豆、豌豆、枸杞子、冰糖，煮 5 分钟，用水淀粉勾芡。③淋入蛋液，搅成蛋花，烧开后即可。

营养点评 玉米富含膳食纤维，可以促进胃肠蠕动，受便秘困扰的孕妈妈可以适当吃些。

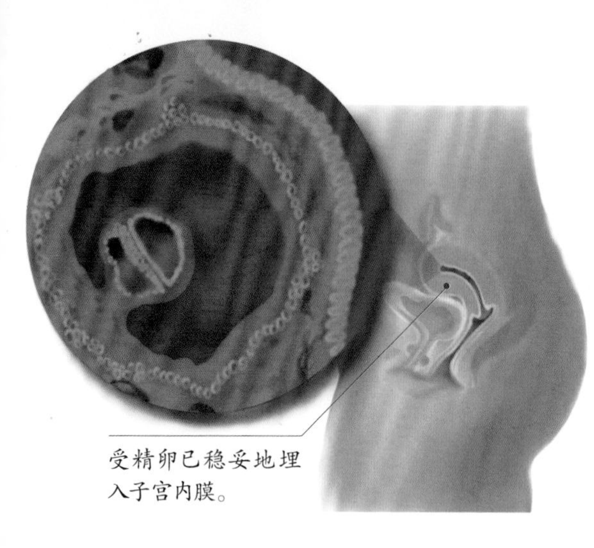
受精卵已稳妥地埋入子宫内膜。

第4周

胎宝宝：受精卵着床，子宫终于有了"住客"

精子和卵子相遇之前就阻碍它们的"透明带"，将在受精后7天左右消失，胚泡与子宫内膜直接接触。尽管胚泡已经完成植入，绒毛膜形成，但这时的胚胎还没有人的模样。

孕妈妈：可能会"感冒"

孕妈妈的子宫会发生子宫内膜增殖、间质水肿、血管扩张充血等一系列有利于胚泡着床的变化。有些孕妈妈身体可能会有轻微的不舒服，此时要小心，千万不可随便用药。少安毋躁，一个丰富多彩的孕期生活即将开始。

体重管理：不宜增长过快

怀孕并不意味着可以大吃大喝，孕妈妈保持和孕前一样的饮食即可。此时刚怀孕，体重不宜增长过快，即使体重没有增长也很正常。如果体重增长超过100克要分析原因，找出对策控制体重。

本周体重增长

不宜超过 100克

营养重点：卵磷脂、维生素B_6、蛋白质

卵磷脂	维生素B_6	蛋白质
充足的卵磷脂是脑发育不可缺少的物质，它可提高信息传递的速度和准确性，是胎宝宝非常重要的益智营养素。如果孕妈妈体内卵磷脂不足可能会出现各种障碍，如胎儿发育不全、先天畸形，甚至还会导致流产和早产。	妊娠期间胎宝宝的生长发育、孕妈妈的生理调整、激素分泌变化等需要消耗更多的维生素B_6。蛋白质摄入增加的同时应增加维生素B_6的摄入，因孕妈妈摄入的维生素B_6易通过胎盘集中于胎儿血中，如缺乏维生素B_6，孕妈妈会出现恶心、呕吐等症状。	孕妈妈有时不想吃肉，可以通过食物互补的方法来满足身体对蛋白质的需求，将豆类和谷类混合食用，比如馒头配豆浆，其蛋白质吸收率与食用牛肉接近。
推荐食物：蛋黄、黄豆、牛奶、动物肝脏。	**推荐食物：**谷物、花生、蔬菜、鸡蛋、鱼、瘦肉。	**推荐食物：**豆腐、鸡蛋、牛奶、瘦肉、鱼、虾。

瘦孕营养三餐

进入第 4 周，孕妈妈虽然还没有明显的感觉，但胎宝宝已经在悄然发育着了。孕妈妈应该及时通过食物补充卵磷脂、维生素和蛋白质，以及继续补充叶酸，为胎宝宝的大脑和神经系统发育打下坚实的营养基础。

麻酱拌面

原料：面条100克，黄瓜半根，香菜、芝麻酱、生抽、醋、盐、白糖、芝麻油、白芝麻、花生仁、植物油各适量。

做法：①黄瓜洗净，切丝；香菜洗净，切碎；混合芝麻酱、生抽、醋、盐、白糖、芝麻油，调成酱汁。②油锅烧热，放入白芝麻、花生仁小火翻炒至出香，盛出碾碎备用。③面条放入沸水中，煮熟后过凉沥干，盛盘。④将酱汁淋在面条上，撒上黄瓜丝、香菜碎、芝麻花生仁碎，搅拌均匀即可。

营养点评 麻酱拌面含有丰富的碳水化合物和B族维生素，能够为孕妈妈和胎宝宝提供充足的营养和能量。

柠檬煎鳕鱼

原料：鳕鱼肉200克，柠檬1个，盐、鸡蛋清、水淀粉、植物油各适量。

做法：①柠檬洗净，去皮、榨汁；鳕鱼肉清洗干净，切块，加盐、柠檬汁腌制片刻。②将腌制好的鳕鱼块均匀地裹上鸡蛋清和水淀粉。③油锅烧热，放入鳕鱼块煎至两面金黄即可。

营养点评 鳕鱼脂肪含量低，所含的钙容易被人体吸收。另外，鳕鱼还含有丰富的DHA，对胎宝宝的大脑发育十分有益，一般建议孕妈妈每个月食用2~4次。

腊八粥

原料：红豆、黑豆、花生仁、莲子、红枣、糯米、黑米、冰糖各适量。

做法：①所有食材淘洗干净，倒入锅中，加入大半锅水（水要一次加足），大火煮开。②加入冰糖，转小火慢慢煲2小时，煮至食材软烂、黏稠即可。

营养点评 黑豆、红豆等全谷类富含膳食纤维和碳水化合物，以及较为丰富的叶酸、卵磷脂。

茄汁菜花

原料：菜花150克，番茄1个，葱花、蒜片、番茄酱、盐、植物油各适量。

做法：①番茄洗净，去皮、切块；菜花洗净，掰小朵，入沸水焯烫。②油锅烧热，爆香葱花、蒜片，倒入番茄酱，翻炒出香味，放入菜花朵、番茄块，翻炒至番茄出汤，大火收汁，加盐调味即可。

营养点评 菜花富含维生素C，孕妈妈经常食用有助于胎宝宝身体发育。而且菜花低糖、低脂肪、高膳食纤维且高维生素，营养全面，适合孕妈妈食用。

鸡蓉干贝

原料：鸡胸肉50克，干贝碎末40克，鸡蛋1个，高汤、盐、芝麻油、植物油各适量。

做法：①鸡胸肉洗净，剁成蓉，倒入高汤，打入鸡蛋，用筷子搅拌均匀，再放入干贝碎末、盐，搅拌均匀。②油锅烧热，放入少许芝麻油，放入所有食材，翻炒至鸡蛋凝结成形，盛出装盘即可。

营养点评 鸡蛋含有人体必需的8种氨基酸，且容易被人体消化吸收。蛋黄里蛋白质、卵磷脂的含量都很丰富，每天吃1个鸡蛋，既营养又能为孕妈妈补充能量。

第 5 周

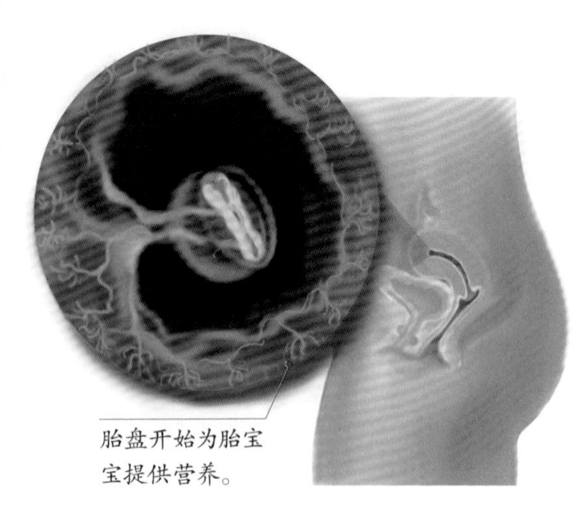

胎盘开始为胎宝宝提供营养。

胎宝宝：可爱的“小海马”

胎宝宝现在还只是一个小胚胎，小模样看起来和小海马一样。这个时期，胎宝宝会直接从孕妈妈的血液里获得营养，孕妈妈要继续保持营养摄入均衡、丰富，为胎宝宝的发育提供养料支持。

孕妈妈：怀孕的重要信号——停经

孕妈妈会发现月经不来了，如果不细心留意，可能想不到这是胎宝宝到来的信号。除了停经，孕妈妈还会出现嗜睡、呕吐、头晕、乏力、食欲缺乏等多种身体不适的情况。

体重管理：变化超过 1 千克要去医院

可以绘制体重曲线图继续记录每天的体重，直观观察体重变化。由于妊娠反应，孕妈妈的体重可能会减轻。如果体重减轻或增长超过 1 千克需要去医院咨询医生。

本周体重增长

不宜超过 100 克

营养重点：叶酸、蛋白质、锌

叶酸	蛋白质	锌
在胎宝宝神经系统形成和发育的关键时期，孕妈妈千万不能松懈对叶酸的补充，每天的摄入量与前一个月保持一致即可(即每天约 600 微克)。	蛋白质的日摄入量和前一个月一样，以 55~60 克为宜，但这一时期，不必刻意追求固定的蛋白质数量，保证质量更重要。今天想吃就多吃一点，明天不想吃就少吃一点，这也没有关系。	孕妈妈缺锌会影响胎宝宝的大脑发育。在本月，胎宝宝的大脑和神经系统快速发育，补锌就显得尤为重要，可以通过多吃富含锌元素的食物来补充。锌的摄入量以每天约 9.5 毫克为宜。
推荐食物：猕猴桃、香蕉、胡萝卜、番茄、牛肉、核桃。	**推荐食物：**鸡蛋、牛奶、瘦肉、鱼。	**推荐食物：**松仁、牛肉、腰果、糙米、燕麦、海参。

瘦孕营养三餐

胎宝宝身体的各个器官正处在快速分化中，而很多孕妈妈从本周开始，由于体内雌性激素变化，胃肠蠕动减慢，会有不同程度的恶心、呕吐。为了不影响对营养素的摄取，孕妈妈可以通过适量运动、多呼吸新鲜空气、翻新食物花样、能吃就吃、少食多餐等多种方式来提高食欲。

西葫芦饼

原料：西葫芦 1 个，面粉 100 克，鸡蛋 2 个，盐、植物油各适量。

做法：①鸡蛋加盐打散，西葫芦洗净，切丝。②将西葫芦丝放进蛋液里，加面粉搅拌均匀。（如果面糊稀了就加适量面粉，如果稠了就加 1 个鸡蛋）③油锅烧热，放入面糊，煎至两面金黄盛盘即可。

营养点评 西葫芦含有较多维生素 C、葡萄糖等营养物质，尤其是钙的含量很高，且含水量高、热量低，有润泽肌肤之效。但要注意不宜煮得太烂，以免营养损失过多。

韭黄炒鳝丝

原料：黄鳝 100 克，韭黄 60 克，料酒、豆瓣酱、葱花、姜片、生抽、醋、盐、植物油各适量。

做法：①黄鳝处理干净，切丝；韭黄洗净，切段。②油锅烧热，倒入黄鳝丝翻炒至起皱，倒入料酒、豆瓣酱翻炒出香味，加葱花、姜片、韭黄段、生抽、醋、盐，翻炒均匀即可。

营养点评 黄鳝含有丰富的 DHA 和卵磷脂，有补脑健身之效。另外，黄鳝中维生素 A 的含量也很高，可以保护视力，促进皮膜的新陈代谢；韭黄口感柔嫩，其中丰富的膳食纤维能够改善便秘，润通肠道。

山药牛奶燕麦粥

粥

原料：牛奶 250 毫升，燕麦片、山药各 50 克，白糖适量。

做法：①山药洗净，去皮、切块。②将牛奶倒入锅中，放入山药块、燕麦片，小火煮，边煮边搅拌，煮至燕麦片、山药熟烂，加白糖调味即可。

营养点评 燕麦片低糖、低热量，降脂降糖，富含膳食纤维，能促进胃肠蠕动，利于排便，适合偏胖的孕妈妈食用；牛奶被誉为“白色血液”，富含孕妈妈所需的蛋白质、碳水化合物等多种营养元素，且牛奶中的钙易于吸收，有助于孕妈妈强身健体。

板栗扒白菜

原料：白菜 150 克，板栗 50 克，葱花、姜末、水淀粉、盐、植物油各适量。

做法：①板栗取肉，洗净，入沸水煮熟；白菜洗净，切片。②油锅烧热，放入白菜片，煸炒后盛出。③另起油锅烧热，放入葱花、姜末翻炒出香，放入白菜片、板栗翻炒，加适量水，熟后用水淀粉勾芡，加盐调味即可。

营养点评 板栗属于含淀粉相对较多的坚果，同时含有大量的蛋白质和 B 族维生素，一定程度上可缓解腰酸腿软的症状。

香菇豆腐塔

原料：豆腐 150 克，鲜香菇 3 朵，榨菜、白糖、盐、干淀粉、芝麻油各适量。

做法：①豆腐切成四方小块，中心挖空；鲜香菇洗净，剁碎；榨菜剁碎。②鲜香菇和榨菜用白糖、盐、干淀粉搅拌均匀，制成馅料。③将馅料塞入豆腐块中，摆在碟子上，入蒸笼蒸熟，淋上芝麻油即可。

营养点评 豆腐营养很高，含铁、镁、钙、锌等诸多营养元素；食用香菇能促进人体对钙和磷的消化吸收，有助于胎宝宝骨骼和牙齿的发育。

胎宝宝已经有了自主的心跳，可达到每分钟 140~150 次，是孕妈妈心跳的 2 倍。

第 6 周

胎宝宝：心脏“扑通扑通”跳动

胎宝宝已经有一粒小松子仁那么大了。头和躯干已经能分辨清楚了，长长的尾巴逐渐缩短。胎宝宝小小的心脏长出心室，并且开始跳动，心脏、血管开始向全身供血。

孕妈妈：开始变“懒”了

孕初期，孕妈妈总是会感觉很困、很疲劳，坐在车上经常会睡着。这是因为孕妈妈体内所有器官都在加班加点为胎宝宝服务，胎宝宝也在努力发育自己的器官，所以孕妈妈会感觉到特别疲惫。

体重管理：开始记饮食日记

本周孕妈妈可以开始记饮食日记了，配合每天的体重记录能更有效地监测体重变化。饮食日记中可以按进食的时间、种类做一些分类，尽量记详细一些。妊娠反应期间不必过于严格地控制体重。

营养重点：碳水化合物、碘、蛋白质

碳水化合物	碘	蛋白质
充足的碳水化合物不仅具有保肝解毒的功能，还可以防止孕妈妈发生因低血糖造成的晕倒等意外。但也不能补充过量，尤其是单糖和果糖，血糖异常的孕妈妈更要注意。	碘是甲状腺素的组成部分，甲状腺素能促进蛋白质的生物合成，促进胎宝宝脑神经发育。海产品含碘丰富，孕妈妈的饮食中可以适当增加。	孕妈妈可以随身携带或在办公室放一些核桃、榛子、腰果等坚果类的零食，随时吃几粒，有助于补充蛋白质，也有利于胎宝宝大脑发育。
推荐食物：猕猴桃、橙子、番茄、香蕉、甜椒。	**推荐食物：**海带、海鱼、紫菜、虾皮。	**推荐食物：**核桃、榛子、鱼、瘦肉、鸡蛋、牛奶。

瘦孕营养三餐

胎宝宝身体的各部分器官都在快速发育中，孕妈妈时常会感到疲劳、犯困，而且胃口不佳。此时的孕妈妈可以选择吃一些营养成分高的食物，如小米、虾、鱼、坚果等食物，即便是在身体非常不适，没有食欲的情况下，也尽可能地进食。

三鲜馄饨

原料：猪瘦肉50克，馄饨皮60克，鸡蛋1个，虾仁20克，紫菜10克，香菜末、盐、高汤、芝麻油各适量。

做法：①鸡蛋打散，入油锅摊成蛋皮，盛出晾凉切丝；猪瘦肉、虾仁洗净，剁碎，加盐拌馅，包馄饨。②在沸水中放入馄饨、紫菜，加冷水，再沸时捞起，放在碗中。③放入蛋皮丝、香菜末，加盐、高汤，淋上芝麻油即可。

营养点评 三鲜馄饨富含蛋白质和钙，紫菜富含胆碱、钙和铁，能增强孕妈妈的记忆力，而且还能预防贫血，同时对促进胎宝宝骨骼与牙齿的生长很有好处。

秋葵拌鸡肉

原料：秋葵5根，鸡胸肉100克，小番茄5个，柠檬半个，盐、橄榄油各适量。

做法：①秋葵、鸡胸肉、小番茄洗净。②秋葵入沸水焯烫2分钟，捞出后过冷水；鸡胸肉入沸水煮熟，捞出沥干。③小番茄对半切开；秋葵去蒂，切成1厘米的小段；鸡胸肉切成1厘米见方的块。④橄榄油、盐放入小碗中，挤入几滴柠檬汁，搅拌均匀成调味汁。⑤切好的秋葵段、鸡胸肉块和小番茄放入碗中，淋上调味汁即可。

营养点评 秋葵热量较低，可溶性膳食纤维较多，与鸡肉一起凉拌食用，可以降低肉类胆固醇的摄入量，担心变胖的孕妈妈可以这样搭配吃。

山药炒扁豆

小炒

原料：山药、扁豆各 200 克，葱花、姜片、盐、植物油各适量。

做法：①山药洗净，去皮、切片；扁豆洗净。②油锅烧热，放入葱花、姜片翻炒出香，加山药片、扁豆翻炒，加盐调味即可。

营养点评 山药能增强免疫力，孕妈妈常吃山药，能补气健脾，也可以促进胎宝宝的生长发育。

番茄滑虾

扫一扫 跟着做

原料：青虾 500 克，番茄 1 个，鸡蛋 1 个，玉米粒、料酒、盐、水淀粉、植物油各适量。

做法：①鸡蛋取鸡蛋清；番茄洗净，顶部划“十”字；青虾洗净，去壳、去虾线，放入破壁机中搅打成虾糜。②打好的虾糜中调入料酒、鸡蛋清、盐，用手顺着一个方向抓匀。③锅中加水烧开，放入番茄煮 30 秒，直至番茄皮软烂。④捞出番茄稍冷却，剥去外皮，切小块。⑤另起锅，倒入油，烧至七成热，下番茄煸炒出汁，加适量水，下入玉米粒，烧开后，用勺子舀虾糜，放入锅中，调入盐，用水淀粉勾芡，拌匀即可。

营养点评 虾富含优质蛋白质和钙，茄汁味道酸甜，适合没有食欲的孕妈妈。

肉丝银芽汤

原料：黄豆芽 100 克，猪瘦肉 50 克，粉丝 25 克，盐、植物油各适量。

做法：①猪瘦肉洗净，切丝；黄豆芽择洗干净；粉丝用温水浸泡。②油锅烧热，放入黄豆芽、肉丝，翻炒至肉丝变色，加粉丝、水、盐，煮 5~10 分钟即可。

营养点评 黄豆芽和猪瘦肉含有丰富的蛋白质和维生素 B_2，能够有效预防维生素 B_2 缺乏症，孕妈妈可以常吃。

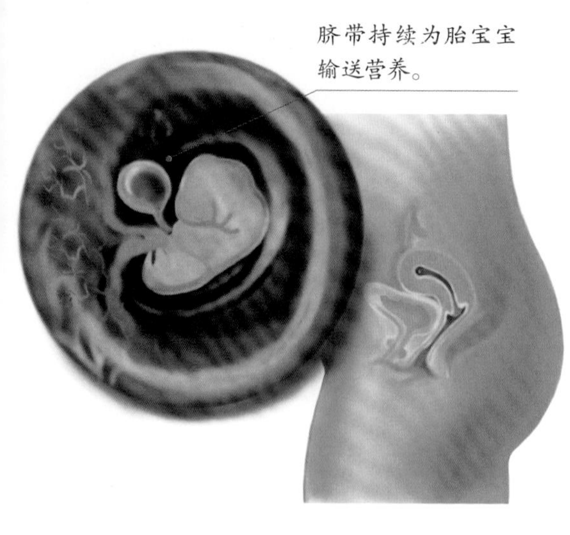

第7周

胎宝宝：像一枚小橄榄

胎宝宝小胳膊和小腿长长了许多，像一枚橄榄。他头大身小，手指开始发育，可以凭借幼芽般的四肢在羊水中活动。胎宝宝的牙齿和口腔内部结构正在成形，小鼻头正在冒出来。

孕妈妈：常常感到饥饿

随着孕周的增加，孕妈妈的体能消耗逐渐增大，经常感觉到饥饿，明明刚吃了东西，没多久肚子又开始咕咕叫。这种饿的感觉和以前空腹的感觉也不太相同，还带着胃部灼烧的难受。孕妈妈可以常备一些零食在身边，感到饿的时候就吃一点。

体重管理：减少摄入高脂肪的食物

分析上周的饮食日记和体重记录，如果体重增长超过200克，孕妈妈就要在保证其他营养素的同时，减少摄入脂肪含量高的食物。也可以和其他孕妈妈一起交流并相互督促体重管理计划的执行。

营养重点：脂肪、碳水化合物、蛋白质

脂肪	碳水化合物	蛋白质
海鱼、海虾中含有的多是不饱和脂肪酸，宜适量增加。另外，坚果类食物，如核桃、花生等也含有丰富的不饱和脂肪酸，对胎宝宝的发育尤为有益。	米、面含有丰富的碳水化合物，是胎宝宝发育必不可少的营养物质。所以，孕妈妈有必要每天从主食中摄取一定量的碳水化合物。	每天1个鸡蛋、1小份肉(50~75克)、1杯牛奶、1份豆制品(50~75克)就能满足孕妈妈对蛋白质的需求。孕妈妈在吃鸡蛋、牛奶等高蛋白食物时，也要适当吃一些蔬菜、粗粮，以达到营养均衡。
推荐食物： 坚果、瘦肉、大豆、海鱼、海虾。	**推荐食物：** 面条、大米、小米、馄饨、山药。	**推荐食物：** 鸡蛋、牛奶、瘦肉、鱼、豆制品。

瘦孕营养三餐

胎宝宝的生长发育消耗了孕妈妈大量的能量，因此，孕妈妈很容易感到饥饿。但是妊娠反应又容易导致孕妈妈没有胃口，所以这一周的饮食以蛋、米粥、面条等为主，多选用健胃和中、降逆止呕的食物，如橙子、番茄、柠檬等。

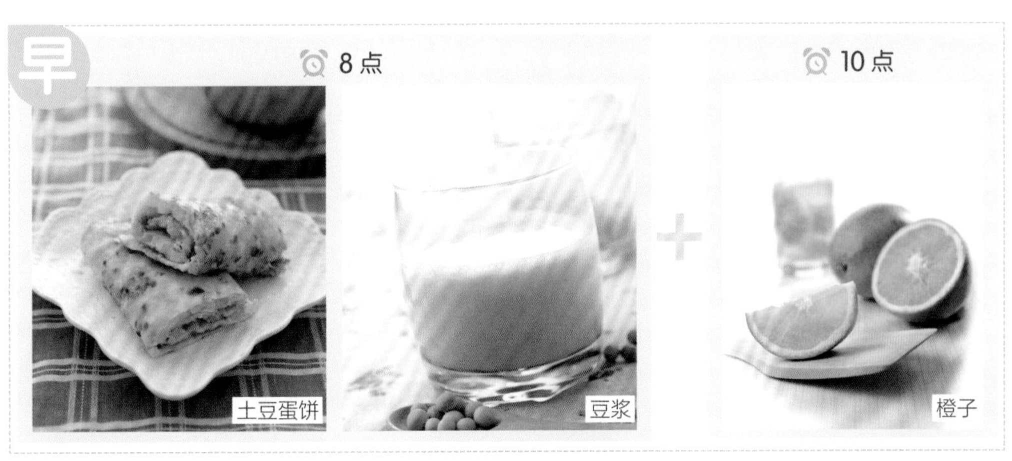

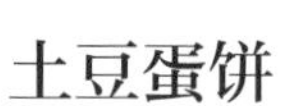

土豆蛋饼

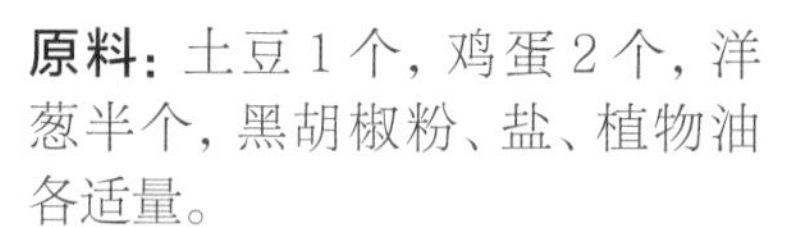

原料：土豆1个，鸡蛋2个，洋葱半个，黑胡椒粉、盐、植物油各适量。

做法：①土豆洗净，放入锅中蒸熟，捞出晾凉，去皮、切丁，加黑胡椒粉、盐调味；鸡蛋加盐打散；洋葱洗净，切碎。②油锅烧热，爆香洋葱，缓缓倒入蛋液，倒入土豆丁。③中火加热至蛋液凝固后转小火，煎至金黄色即可。

营养点评 土豆富含淀粉，为孕妈妈补充碳水化合物；鸡蛋富含优质蛋白质、卵磷脂，适合孕早期的妈妈补充能量和蛋白质。土豆蛋饼口感润滑，味道香嫩，可以搭配着粥、豆浆等一起吃。

豆角炖排骨

原料：猪排骨100克，豆角100克，姜片、蒜末、生抽、蚝油、白糖、植物油各适量。

做法：①猪排骨洗净，切段；豆角洗净，切段。②油锅烧热，爆香姜片、蒜末，倒入猪排骨段、生抽、蚝油、白糖，翻炒至排骨变色，加适量水，用大火烧沸。③转小火，倒入豆角段，炖煮至排骨熟透。

营养点评 猪排骨可以给孕妈妈提供必需的优质蛋白质、脂肪，而且含有丰富的铁，可预防孕期贫血。

珊瑚白菜

原料：白菜半棵，干香菇4朵，胡萝卜半根，盐、姜丝、葱丝、白糖、醋、植物油各适量。

做法：①白菜洗净，切成细条，用盐腌后沥干；干香菇泡发洗净，切丝；胡萝卜洗净，切丝，用盐腌后沥干。②油锅烧热，爆香姜丝、葱丝，再放入所有食材翻炒至熟，加盐、白糖、醋调味即可。

营养点评 白菜含有较多的膳食纤维，可以促进孕妈妈肠蠕动，增进食欲。

宫保豆腐

原料：北豆腐150克，油炸花生仁、花椒、姜末、葱花、豆瓣酱、生抽、料酒、白糖、醋、芝麻油、盐、水淀粉、植物油各适量。

做法：①北豆腐洗净，切丁；混合生抽、料酒、白糖、醋、芝麻油、盐，调成酱汁。②油锅烧热，放入北豆腐丁，炸至表面金黄，捞出备用。③油锅烧热，爆香花椒、姜末、葱花、豆瓣酱，倒入调好的酱汁，加入北豆腐、油炸花生仁，翻炒均匀，再加入水淀粉勾芡收汁即可。

营养点评 豆腐中的脂肪大多是不饱和脂肪酸并且几乎不含有胆固醇，素有“植物肉”之美称。适合孕早期讨厌油腻、不想吃肉的孕妈妈。注意豆瓣酱含盐分，加盐时要适量减少。

紫菜肉丸汤

原料：五花肉300克，鸡蛋1个，紫菜、葱、姜、芝麻油、盐、水淀粉各适量

做法：①葱洗净，切段，留少许切成葱花；姜洗净，切片；五花肉去皮，洗净，切块。②葱段、姜片、肉块放入破壁机中，打成肉糜，放入碗中，打入鸡蛋，加盐、水淀粉，用筷子顺着一个方向搅拌均匀。③锅中倒入适量水，将肉糜从左手的虎口处挤出，右手用勺子舀出肉丸，放入锅中。大火烧开，煮至肉丸变白、漂浮，下入紫菜，加盐、芝麻油调味。④将肉丸盛入碗中，撒上葱花即可。

营养点评 肉丸汤可以为孕妈妈提供蛋白质、脂肪等营养成分，紫菜富含碘，促进胎宝宝生长发育。

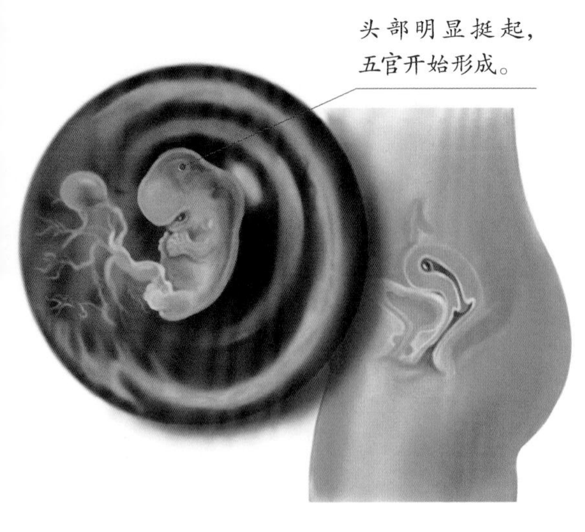

第 8 周

胎宝宝：晶莹的“葡萄”在腹中闪亮

此时，胎宝宝看上去像颗葡萄。口腔中的牙齿和腭开始发育，头部的耳朵也在生长，手指和脚趾间有少量的蹼状物。胎宝宝的皮肤像纸一样薄，血管清晰可见。

孕妈妈：早孕反应加重，还伴有尿频

本周，孕妈妈的早孕反应加重。许多孕妈妈在饭后常有胃灼热的感觉，还会感觉到胀气，不停地打嗝。有些孕妈妈可能还会感到腹部疼痛，同时有烦人的尿频。

体重管理：孕吐影响食欲要留意

本周，孕妈妈的体重不宜有太多的增长，如果体重减轻要分析原因，看是不是孕吐反应所致，如果不是，可适当增加饮食。

本周体重增长
不宜超过
100 克

营养重点：锌、蛋白质、维生素 C

锌	蛋白质	维生素 C
孕妈妈缺锌会影响胎宝宝的大脑发育，对胎宝宝的神经系统发育造成障碍。尤其是本月，胎宝宝的大脑和神经系统快速发育，补锌就显得尤为重要，可以多吃含锌量丰富的食物。	蛋白质是构成身体的主要成分，胎儿的血液、肌肉、内脏组织，甚至毛发、皮肤和指甲都由蛋白质构成。缺少蛋白质会使胎儿脑发育迟缓或不足。	维生素 C 能够预防坏血病，增强孕妈妈的抵抗力，促进胶原组织形成，促进铁的吸收，对胎宝宝的牙齿和骨骼发育也十分重要，还可以使胎宝宝皮肤细腻。
推荐食物：牡蛎、猪肝、瘦肉、鱼、香菇。	**推荐食物：**黄豆、瘦肉、鳕鱼、鲫鱼。	**推荐食物：**鲜枣、橙子、苹果、西蓝花、番茄、猕猴桃。

瘦孕营养三餐

锌、蛋白质和维生素 C 是孕妈妈本周三餐补充营养的重点，要多吃相关食物，为胎宝宝的生长发育提供充足的能量和营养。此外，由于妊娠反应，以及吃得精细，活动也较少，孕妈妈很容易出现便秘，这时候应该用富含膳食纤维的食物调理。

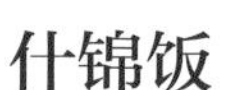

什锦饭

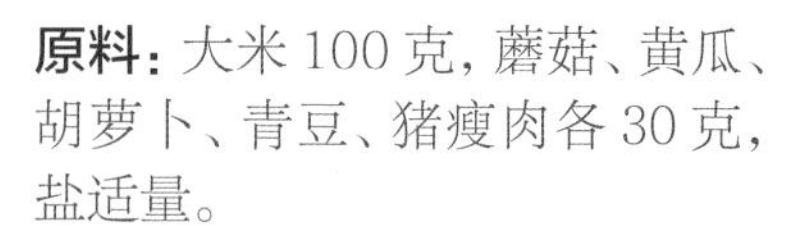

原料：大米100克，蘑菇、黄瓜、胡萝卜、青豆、猪瘦肉各30克，盐适量。

做法：①蘑菇、黄瓜、胡萝卜、猪瘦肉洗净，切丁；大米、青豆淘洗干净。②将所有食材放入电饭锅内，加适量盐和水，启动电饭锅，煮熟即可。

营养点评 什锦饭一般没有固定的组成，由多种食材搭配，通常营养成分相对均衡，同时也拥有较好的色泽和口味，可提高孕妈妈食欲。

橄榄菜炒四季豆

原料：四季豆400克，橄榄菜50克，葱花、盐、芝麻油、植物油各适量。

做法：①四季豆洗净，掐成段，入沸水焯烫断生，捞出；橄榄菜洗净，切碎。②油锅烧热，爆香葱花，倒入四季豆段和橄榄菜碎翻炒。③快要炒熟时，加盐、芝麻油调味即可。

营养点评 四季豆中含有较丰富的胡萝卜素和钙，有利于孕妈妈提高免疫力，增强钙质。

时蔬拌蛋丝

原料：鸡蛋 2 个，鲜香菇 6 朵，胡萝卜、葱花、干淀粉、料酒、醋、生抽、白糖、盐、芝麻油、植物油各适量。

做法：①鲜香菇洗净，切丝，入沸水焯熟；胡萝卜洗净，去皮、切丝，入油锅煸炒；混合盐、醋、生抽、白糖、芝麻油，调成料汁；干淀粉加料酒调匀；鸡蛋加盐打散，倒入调好的料酒淀粉汁。②油锅烧热，倒入蛋液，摊成饼，盛出，切丝备用。③鸡蛋丝、胡萝卜丝、香菇丝放入盘中，撒葱花，淋上料汁拌匀即可。

营养点评 蛋黄中富含卵磷脂、卵黄素等，对神经系统和身体发育有很大作用，孕妈妈适当食用能改善记忆力。

椰浆土豆炖鸡翅

原料：鸡翅、土豆各 100 克，椰浆 50 毫升，红椒、青椒、盐、白糖、植物油各适量。

做法：①鸡翅洗净，切块；土豆洗净，去皮、切块；青椒、红椒洗净，切块。②油锅烧热，放入鸡翅块，小火煎至金黄，捞出。③放入土豆块，煎至变色，倒入鸡翅块，加水、红椒、青椒、盐和白糖，大火烧开，转小火炖 5 分钟，出锅时倒入椰浆即可。

营养点评 鸡翅中含有可强健血管、改善肤质的胶原蛋白及弹性蛋白，孕妈妈适量吃鸡翅可以保持皮肤光泽、增强皮肤弹性；土豆中含有丰富的膳食纤维，可以预防孕妈妈便秘。

花生仁紫米粥

原料：紫米 50 克，花生仁 15 克，白糖适量。

做法：①紫米洗净，放入锅中，加适量水煮 30 分钟。②放入花生仁煮至熟烂，出锅前加白糖调味即可。

营养点评 花生仁不仅补血，对胎宝宝的发育也大有裨益；紫米不宜用手反复搓洗，以免 B 族维生素流失过多。

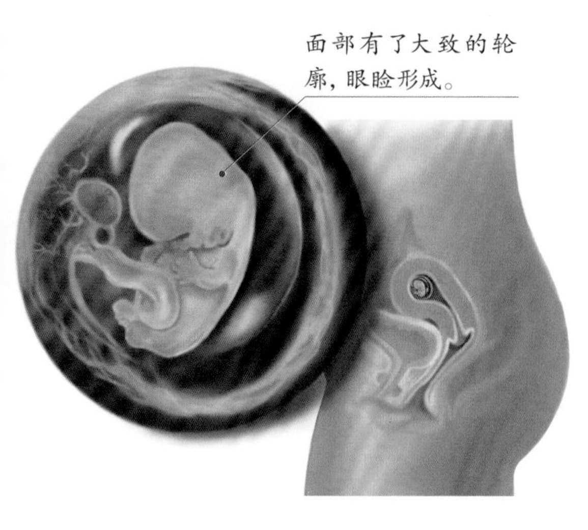

第9周

胎宝宝：人模人样的小不点

胎宝宝的小尾巴已经完全消失了，而且所有的神经器官都开始工作了。从外表来看，胎宝宝的手腕部分开始稍弯曲，双腿开始摆脱蹼状的外表，眼睑开始覆盖住眼睛。通过B超，可以看到这初具雏形的小人儿。

孕妈妈：乳房变得十分柔软

孕妈妈的体重没有增加太多，但乳房逐渐膨胀起来，十分柔软。乳房皮肤下的血管变得明显，乳头也会渐渐变大，乳晕的颜色由于色素沉淀的增加而日益加深，乳头的突出也较为显著。

体重管理：均衡营养，合理增重

不同食物的热量不一样，在保证营养均衡的前提下，孕妈妈应选择能更好控制体重的食物，合理安排每一餐的热量，以保证合理增重。

营养重点：维生素 A、DHA

维生素 A	DHA
整个孕期，胎宝宝的健康发育都离不开维生素 A。维生素 A 对胎宝宝的皮肤、胃肠道和肺的健康发育尤其重要。孕早期，胎宝宝自身还不能储存维生素 A，因此孕妈妈一定要多吃富含维生素 A 的食物。维生素 A 广泛存在于动物性食物当中，尤其在动物肝脏及蛋黄、瘦肉等食物中。	DHA 是脑脂肪的主要成分，对大脑细胞的增殖、神经传导和大脑突触的生长、发育起着重要的作用，被称为“脑黄金”。胎儿期是积聚 DHA 等大脑营养最迅速的时期，也是大脑和视力发育最快的时期。若胎宝宝从母体中获得的 DHA 等营养不足，胎宝宝的大脑发育过程有可能延缓或受阻，智力发育会受到影响，而且有可能造成视力发育不良。孕妈妈平时可以多吃一些富含 DHA 的食物，如鳕鱼、鲣鱼、三文鱼、沙丁鱼、金枪鱼、黄花鱼、秋刀鱼、带鱼、鲫鱼、黄鳝等。
推荐食物：动物肝脏、鱼肝油、鸡蛋、牛奶、胡萝卜。	**推荐食物：**三文鱼、金枪鱼、坚果类。

瘦孕营养三餐

现在胎宝宝器官的形成和发育需要丰富的营养，孕妈妈虽然会有诸多不适应和不舒服，但一定要尽力克服，尽量为胎宝宝多储备一些优质的营养物质，如维生素 A、DHA 等。同时孕妈妈也应多吃一些富含膳食纤维的食物，预防和改善便秘。

什锦面

原料： 面条100克，鲜香菇、胡萝卜、豆腐干、海带各20克，芝麻油、盐各适量。

做法： ①鲜香菇、胡萝卜、海带洗净，切丝；豆腐干切条。②面条放入沸水中煮熟，放入香菇丝、胡萝卜丝、豆腐干条、海带丝稍煮，出锅前加盐调味，盛出淋上芝麻油即可。

营养点评 什锦面富含碳水化合物，并且易于消化和吸收，利于肠胃健康；能为孕妈妈补充能量，并促进胎宝宝生长发育。

美味杏鲍菇

原料： 杏鲍菇2个，葱花、蒜片、生抽、白糖、黑胡椒粉、盐、植物油各适量。

做法： ①杏鲍菇洗净，切条。②油锅烧热，爆香葱花、蒜片，倒入杏鲍菇条，翻炒片刻，加生抽、白糖、黑胡椒粉，继续翻炒至入味，出锅前加盐调味即可。

杏鲍菇含蛋白质、碳水化合物、维生素及多种矿物质，可以提高人体免疫功能，还能润肠胃、助消化。其特有的香味和口感，非常适合孕早期的孕妈妈食用。

蒜蓉空心菜

原料：空心菜 250 克，蒜末、盐、芝麻油各适量。

做法：①空心菜洗净，入沸水焯烫断生，捞出沥干后切段，放在盘子中备用。②用少量温开水调匀蒜末、盐，倒入芝麻油，调成调味汁。③将调味汁淋在空心菜段上，搅拌均匀即可。

营养点评 空心菜所含的膳食纤维能降低人体内胆固醇、甘油三酯含量，具有降脂减肥的功效，尤其适合偏胖的孕妈妈。但要注意，空心菜含有草酸，吃之前最好用开水焯一下，去除草酸，以免草酸在肠道内与钙结合，影响钙的吸收。

五谷豆浆

原料：黄豆 40 克，大米、小米、小麦仁、玉米糙各 10 克。

做法：①黄豆洗净，冷水中浸泡 10~12 小时。②大米、小米、小麦仁、玉米糙、泡发好的黄豆放入豆浆机，加纯净水至上下水位线间，接通电源，按“豆浆”键。③待豆浆制作完成后过滤即可。

营养点评 五谷豆浆富含维生素和碳水化合物，孕妈妈常喝有助于为胎宝宝的生长发育提供营养和能量。

山药虾仁

原料：山药 200 克，虾仁 100 克，胡萝卜 50 克，鸡蛋清、盐、胡椒粉、干淀粉、醋、料酒、植物油各适量。

做法：①山药、胡萝卜洗净，去皮切片，入沸水焯烫；虾仁去虾线，洗净，用鸡蛋清、盐、胡椒粉、干淀粉腌制片刻。②油锅烧热，放入虾仁炒至变色，捞出备用。③放入山药片、胡萝卜片炒至熟，加醋、料酒、盐翻炒均匀，再放入虾仁翻炒均匀即可。

营养点评 虾是孕妈妈补充优质蛋白质的来源，而且其脂肪含量比鱼肉、禽肉低，富含钙、磷，对孕妈妈有补益功效。

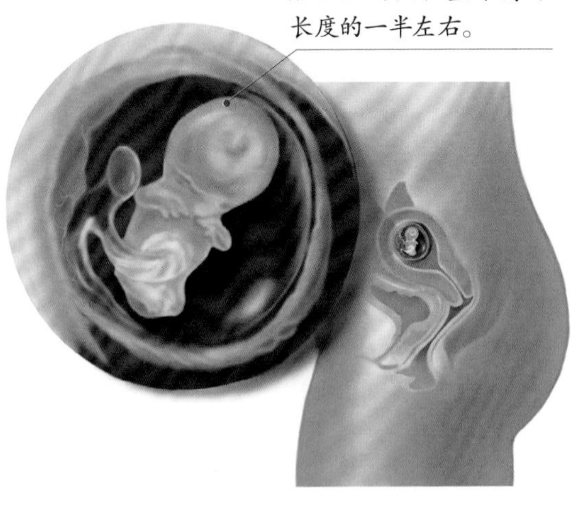

第10周

胎宝宝：快速生长的“豌豆荚”

胎宝宝现在就像一个豌豆荚，长约40毫米，重约5克。外生殖器开始显现，但尚分辨不出性别。胎宝宝颈部的肌肉正在不断变得发达起来，以支撑住自己的脑袋。大脑迅速发育，成特有的圆形，且有深深的回沟。

孕妈妈：情绪波动明显

受激素的影响，孕妈妈的情绪波动会很大，也许前一秒还在开怀大笑，到了下一秒就特别沮丧与伤心。但不用担心，这种情绪不会一直持续，每个孕妈妈都会经历这个过程，放松心情，积极调适不良情绪。

体重管理：体重轻微减轻

本周，孕妈妈的身体外形变化依然不大。如果发现体重略有减轻，不必紧张，孕早期体重有轻微减轻是很常见的，有可能是孕吐反应所致。

本周体重增长
不宜超过
150克

营养重点：镁、维生素E、膳食纤维

镁	维生素E	膳食纤维
研究表明，孕早期，孕妈妈摄取镁的量关系到新生儿的身高、体重和头围。孕妈妈每天镁的摄入量约为400毫克，每星期吃2或3次花生，每次25克左右即可满足。	维生素E又被称为生育酚，具有保胎安胎、预防流产的作用，还有助于胎宝宝的肺部发育。一般来说，日常饮食足以满足孕期每日14毫克的需求，不需要额外补充。	膳食纤维分为可溶性膳食纤维（如燕麦、银耳）和不溶性膳食纤维（如杂粮、芦笋、菠菜）。可溶性膳食纤维可以帮助降低胆固醇的含量，减少心血管疾病的发生；不溶性膳食纤维可以促进肠胃蠕动，预防和改善便秘。
推荐食物：花生、坚果、全麦食物、绿叶蔬菜。	**推荐食物：**植物油、黑芝麻、坚果。	**推荐食物：**杂粮、胡萝卜、芦笋、菠菜、四季豆。

瘦孕营养三餐

本周孕妈妈要多吃富含镁、维生素 E 和膳食纤维的食物，不仅可以满足胎宝宝不同器官发育的需要，还有安胎和养胎的作用。海鱼、海虾、蛋黄、坚果、蔬菜等，都是孕妈妈这周饮食不错的选择。

丝瓜蛋饼

原料：中筋面粉70克，丝瓜1根，鸡蛋2个，盐、白胡椒粉、植物油各适量。

做法：①丝瓜洗净，去皮、切丁；鸡蛋打散。②取大碗倒入中筋面粉，加盐、水，边倒水边搅拌，搅至用勺子舀出面糊能缓缓流下呈绸缎状，放入丝瓜丁、蛋液、白胡椒粉，搅拌均匀。③油锅烧热，转小火，倒入面糊，转动锅，让面糊填满锅底，当面糊定形后，将其翻面继续煎2分钟，煎好的丝瓜蛋饼对折两次，装盘即可。

营养点评 丝瓜富含B族维生素、维生素C，鸡蛋富含卵磷脂、蛋白质。丝瓜蛋饼有润肤美白，促进胎宝宝大脑发育的作用。但体质偏寒的孕妈妈不要吃太多丝瓜。

番茄鸡片

原料：鸡肉100克，荸荠20克，番茄1个，盐、水淀粉、植物油各适量。

做法：①鸡肉洗净，切片，放入碗中，用盐和水淀粉腌制。②荸荠洗净，去皮、切片；番茄洗净，切丁。③油锅烧热，放入鸡肉片，炒至变白成型，放入荸荠片、番茄丁、盐，加水烧开后用水淀粉勾芡即可。

营养点评 鸡肉的脂类和猪肉相比，含有较多的不饱和脂肪酸——亚油酸和亚麻酸，可以降低对孕妈妈健康不利的低密度脂蛋白胆固醇的含量。

海米海带丝

凉菜

原料： 泡发海带丝 100 克，海米 50 克，红椒、土豆、姜丝、盐、芝麻油、植物油各适量。

做法： ①红椒、土豆洗净，切丝。②油锅烧热，放入红椒丝，小火略煎，盛起。③锅中加适量水烧沸，倒入海带丝、土豆丝煮熟软，捞出装盘，晾凉后撒入姜丝、海米及红椒丝，加盐、芝麻油，搅拌均匀即可。

营养点评 海米富含钙、磷等多种对人体有益的营养素，是孕妈妈获得钙的很好的来源；海带富含碘、铁，孕妈妈每周吃 1~3 次，可预防缺碘。

毛豆烧芋头

原料： 芋头 100 克，毛豆 50 克，盐、植物油各适量。

做法： ①芋头去皮，洗净、切块。②油锅烧热，放入芋头块翻炒，加水、毛豆焖煮，直至芋头熟透，加盐调味即可。

营养点评 芋头既是蔬菜，也是主食；毛豆属于蔬菜中营养价值很高的一种，富含优质蛋白质。两者同食，可促进蛋白质的吸收。

橙子胡萝卜汁

原料： 橙子 1 个，胡萝卜 1 根。

做法： ①橙子取橙肉；胡萝卜洗净，去皮、切块。②胡萝卜块、橙肉放入榨汁机中榨汁即可。

营养点评 橙子热量低，含有天然糖分，是代替糖果、蛋糕、曲奇等甜品的较优选择，适合嗜甜而又要控制体重的孕妈妈食用。橙子还富含维生素 C，有助于增强身体的抵抗力。

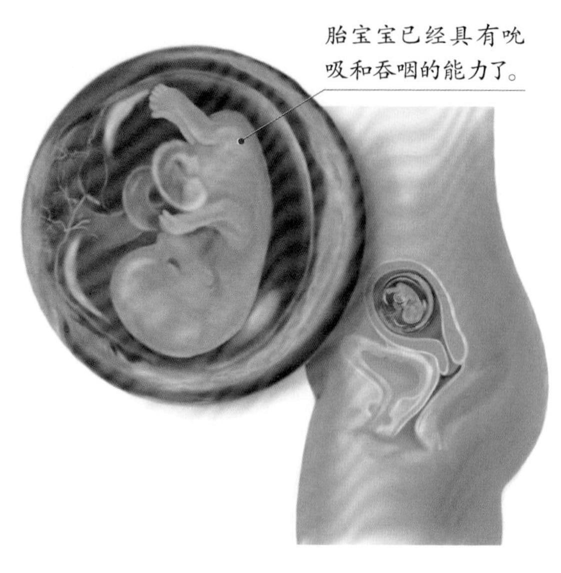

第11周

胎宝宝：全面快速发育

这是胎宝宝生长的关键一周，他的身高会增长一倍，到本周末，头部和身体的长度会基本相同。不仅那些维持生命的器官，如肝、肾、肠、大脑和肺都已经开始工作，胎宝宝的睾丸或卵巢也已经长成。本周胎宝宝的骨骼细胞发育加快，需要补充大量的钙质。

孕妈妈：腰部开始出现美丽的曲线

孕妈妈除了乳房在增大，腰围也变大了。如果孕妈妈白天基本上都是坐着，会觉得尾骨有些疼痛。由于体内血液增多，孕妈妈心跳也会加快，呼吸时比平常多吸入40%~50% 的空气。

体重管理：不可因孕吐好转而暴饮暴食

随着孕周的增加，孕妈妈的孕吐反应有所好转，甚至会经常感到饥饿，但是不要因此就暴饮暴食，在补充营养的同时仍要关注体重。

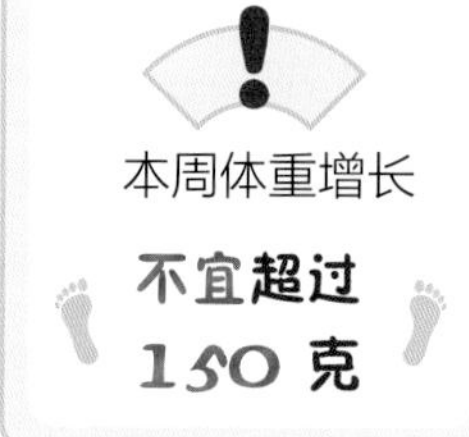

营养重点：钙、维生素 E

钙	维生素 E
奶类和奶制品是钙的优质来源，其钙含量丰富且吸收率高。虾皮、芝麻酱、大豆都能提供丰富的钙质。缺钙易使孕妈妈患骨质疏松症，情绪激动，也易引起孕期相关疾病。孕妈妈如果发生缺钙现象，可根据医生的建议服用适当的钙剂。但不可盲目补钙，否则会影响铁、锌等微量元素的吸收，胎宝宝易得高钙血症。	维生素 E 能促进孕妈妈新陈代谢，增强机体耐力，提高免疫力，改善皮肤血液循环，增强肌肤细胞活力，富含维生素 E 的黑芝麻、葵花子等是适合孕妈妈的较好的美容养颜食材。
推荐食物：牛奶、豆制品、虾、海鱼、芝麻酱。	**推荐食物：**植物油、黑芝麻、坚果。

瘦孕营养三餐

除了补充足够的蛋白质，孕妈妈补钙的同时还要补充维生素 E 等营养素，以保证胎宝宝这一时期对营养素，尤其是钙的需求。饮食上还应多吃萝卜、冬瓜等水分充足的蔬菜，不要吃罐头及腌制类食物。

什锦烩饭

原料：米饭半碗，鲜香菇2朵，虾仁30克，玉米粒、胡萝卜、豌豆各20克，植物油、盐各适量。

做法：①胡萝卜、鲜香菇洗净，切丁；虾仁、玉米粒、豌豆洗净。②油锅烧热，倒入虾仁、玉米粒、豌豆、胡萝卜丁、香菇丁炒熟。③加少量水，倒入米饭，翻炒片刻，加盐翻炒均匀即可。

营养点评 什锦烩饭富含碳水化合物、蛋白质、钙以及维生素，有助于孕妈妈增强抵抗力，提高身体素质。

下饭蒜焖鸡

原料：鸡块100克，彩椒2个，蒜瓣5个，姜片、料酒、海鲜酱、蚝油、白糖、植物油各适量。

做法：①鸡块洗净，用蚝油腌制20分钟；彩椒洗净，切块。②油锅烧热，放入姜片、鸡块，小火煸炒至鸡肉出油脂，加入料酒炒至酒气散味。③放入蒜瓣，翻炒至变色，放入海鲜酱、蚝油、白糖、少量水，翻炒至鸡块上色，再加水没过鸡块，大火烧开，小火收汁，加彩椒块翻炒均匀即可。

营养点评 带皮鸡肉含有较多的油脂，所以较肥的鸡最好去掉鸡皮再烹制；彩椒能够促进脂肪的新陈代谢，减少体内脂肪积存，与鸡肉同煮，可以预防孕期肥胖。

杂粮蔬菜瘦肉粥 粥

原料： 大米、糙米各 50 克，猪瘦肉 30 克，菠菜、虾皮、盐、植物油各适量。

做法： ①大米、糙米淘洗干净，加水煮粥；菠菜择洗干净，入沸水焯烫后切段；猪瘦肉洗净，切丝。②油锅烧热，爆香虾皮，放入猪瘦肉丝翻炒，加少量水煮开，放入杂粮粥和菠菜段，煮熟后加盐即可。

营养点评 糙米中含有大量膳食纤维，具有降低胆固醇、通便等功能。

丝瓜金针菇

原料： 丝瓜 150 克，金针菇 100 克，盐、水淀粉、植物油各适量。

做法： ①丝瓜洗净，去皮、切条。②金针菇洗净，去根，入沸水焯烫。③油锅烧热，放入丝瓜条、金针菇，快速翻炒至熟，加盐调味，用水淀粉勾芡即可。

营养点评 丝瓜中含防止皮肤老化的 B 族维生素，以及增白皮肤的维生素 C 等成分，有美容养颜之效；金针菇含有大量的蛋白质、多种氨基酸，以及丰富的膳食纤维和维生素，可促进孕妈妈身体的营养吸收和胎宝宝大脑的发育。

凉拌手撕茄子

原料： 茄子 2 个，小米椒 3 个，葱 3 根，蒜瓣 4 个，生抽、醋、芝麻油、盐、白糖各适量。

做法： ①葱、小米椒、蒜瓣洗净，切碎，放入碗中，加生抽、醋、盐、白糖、芝麻油，搅拌均匀；茄子洗净，去头尾，从中间横切两段，每段再对半切开。②蒸锅内倒入适量水，茄子凉水入锅，中大火蒸 15 分钟。③取出茄子撕成小条，装盘，淋上调好的酱汁，搅拌均匀即可。

营养点评 茄子富含维生素 E，还富含磷、铁、胡萝卜素和氨基酸，可提高孕妈妈的免疫力。

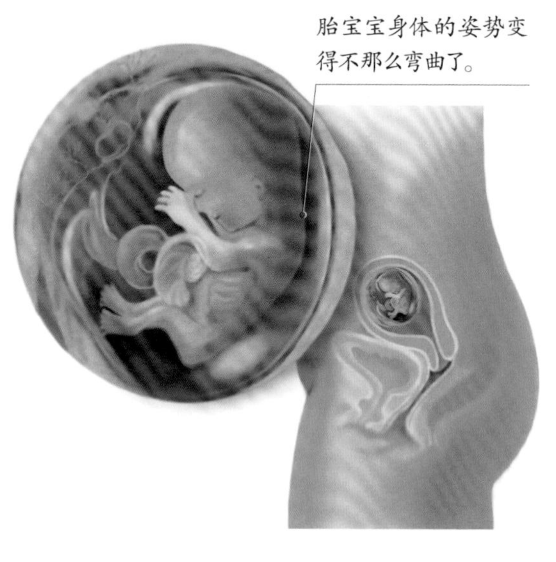

第12周

胎宝宝：居然学会打哈欠

胎宝宝头部的增长速度开始放慢，而身体其他部位的增长速度逐渐加快。手指和脚趾已经完全分开，部分骨骼开始变得坚硬，并出现关节雏形。胎宝宝的声带开始形成，可以做出打哈欠的动作。小家伙已经有了触感，当头部被碰到时，还会将头转开。

孕妈妈：孕吐渐渐消失

孕妈妈会发现令人痛苦的孕吐渐渐消失，这是由于激化孕吐感的黄体素减少了。此时正是胎宝宝骨骼发育的时候，孕妈妈要多补充钙。

体重管理：继续监测体重变化

妊娠反应渐渐好转，孕妈妈的食欲也逐渐好起来。注意晚饭不要吃得过多，以免增加肠胃负担，只要能维持基础代谢就可以了。此时，不要忘了继续监测体重的变化。

本周体重增长

不宜超过 150 克

营养重点：维生素 E、碳水化合物

维生素 E	碳水化合物
维生素 E 具有很强的抗氧化作用，可以预防大细胞性溶血性贫血，在孕早期常被用于保胎、安胎。缺乏维生素 E，不仅会影响胎宝宝的发育，而且容易使孕妈妈出现毛发脱落、皮肤多皱等现象。	碳水化合物是生命细胞结构的主要成分及主要供能物质，并且有调节细胞活动的重要功能。孕妈妈膳食中缺乏碳水化合物，将导致疲乏、血糖含量降低，产生头晕、心悸等症状，严重时会导致妊娠期低血糖昏迷。碳水化合物的主要食物来源有糖类、谷物类、薯类等。孕妈妈平时多吃一些面食、点心、红薯、土豆等，都可以补充一定量的碳水化合物。
推荐食物： 植物油、黑芝麻。	**推荐食物：** 玉米、小麦、红薯、土豆。

瘦孕营养三餐

到本周，孕妈妈孕早期的不适反应会逐渐减轻，胃口相对好转。同时，胎宝宝也正在快速发育，孕妈妈要继续补充维生素 E，并多补充碳水化合物和蛋白质、铁，来满足这个时期胎宝宝生长发育的需求。

鸡蛋紫菜饼

原料：鸡蛋1个，紫菜10克，面粉、盐、植物油各适量。

做法：①鸡蛋打散；紫菜洗净，撕碎，用冷水浸泡片刻。②将蛋液中倒入面粉、紫菜碎、盐，搅拌均匀成糊。③油锅烧热，倒入适量面糊，小火煎成圆饼。④圆饼出锅后切块即可。

营养点评　紫菜的脂肪含量较低、热量低，DHA、碘含量高，适合缺碘的孕妈妈食用。

彩椒牛肉粒

原料：牛肉50克，冬笋10克，彩椒20克，葱花、料酒、生抽、干淀粉、蚝油、盐、植物油各适量。

做法：①牛肉洗净，擦干切丁，用料酒、生抽、干淀粉腌制30分钟；冬笋洗净，切丁；彩椒洗净，切条。②油锅烧热，爆香葱花，放入牛肉丁，翻炒至变色，倒入冬笋丁翻炒3分钟，加彩椒条、蚝油翻炒均匀，加盐调味即可。

营养点评　彩椒中含有丰富的维生素C和胡萝卜素，而且颜色越深含量越多。这道菜有助于孕妈妈补充体力，调节免疫力，还有补铁、补蛋白质的作用。

笋炒木耳

原料：春笋 250 克，干黑木耳 10 克，青椒 1 个，盐、植物油各适量。

做法：①春笋、青椒洗净，切丁；干黑木耳用温水泡发，洗净，撕小朵。②笋丁、青椒丁、黑木耳入沸水焯烫后捞出。③油锅烧热，倒入笋丁、青椒丁、黑木耳，翻炒 1 分钟，加盐调味即可。

营养点评 黑木耳含有丰富的钙和铁，与富含膳食纤维的春笋搭配，有益于胎宝宝的生长发育，还可以预防孕妈妈在孕早期可能出现的便秘。

鲜柠檬汁

原料：鲜柠檬 1 个，白糖适量。

做法：①鲜柠檬洗净，去皮、去子、切小块。②将柠檬果肉放入榨汁机中，加适量水，用榨汁机榨汁，饮用前可根据个人口味，加白糖调味。

营养点评 柠檬有开胃、止吐的功效，孕妈妈饮用鲜柠檬汁可以预防和改善孕吐。虽然该饮品有此类好处，但因果汁中糖分含量高，建议尽量少喝。

圆白菜牛奶羹

原料：圆白菜半棵，菠菜 1 棵，牛奶 250 毫升，面粉、黄油、盐各适量。

做法：①菠菜、圆白菜洗净，切碎，入沸水焯熟。②锅中放入少许黄油，待熔化后倒入面粉，翻炒均匀，加牛奶、菠菜、圆白菜碎煮至软烂，加盐调味即可。

营养点评 牛奶中的钙含量很高，而且容易被人体吸收，在胎宝宝骨骼发育的时候，孕妈妈可多喝牛奶补钙。

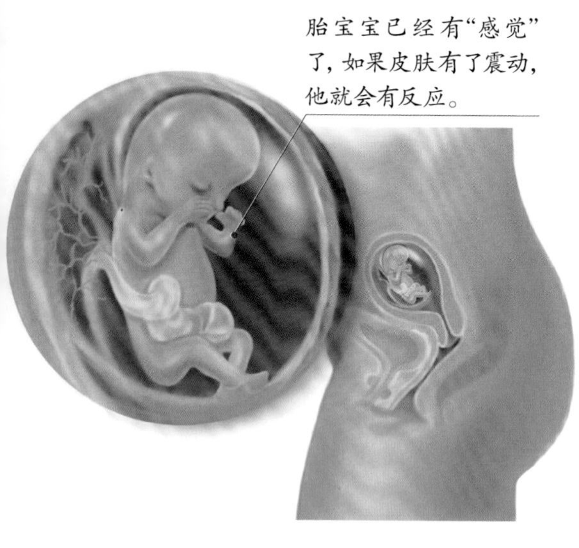

第13周

胎宝宝：像一条小金鱼

胎宝宝大约有100毫米长了，像一条小金鱼。小家伙脸部特征已经很明显，两眼之间的距离开始拉近，嘴唇能够张合。脖子完全成形，并能支撑头部运动。肝脏、肾脏都开始工作了，并且肾脏可以产生尿液。骨髓正在制造白细胞，帮助抵抗出生后的感染。

孕妈妈：进入舒适的孕中期

本周，孕妈妈的早孕反应相对减轻，胃灼热、恶心、胀气、打嗝等感觉出现的概率越来越小，孕妈妈感觉自己又恢复了活力。孕妈妈的子宫底在肚脐与耻骨联合之间，下腹部轻微隆起，用手可摸到增大的子宫。

体重管理：减少高热量食物摄入

本周开始，孕妈妈会感觉胃口大开，食欲好了起来。为了避免出现体重增长过快的情况，孕妈妈要少食多餐，营养搭配均衡，尽量减少高热量食物及零食的摄入。孕妈妈也要做好体重测量，本周体重增长不宜超过300克。

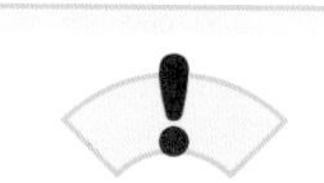

本周体重增长

不宜超过 300克

营养重点：钙、维生素 B_1、蛋白质

钙	维生素 B_1	蛋白质
大豆及其制品是钙的优质来源，其钙的含量丰富且吸收率高。不过含钙高的食物要避免和草酸含量高的食物一同烹制，如菠菜等。	维生素 B_1 被称为"神经性的维生素"，不但对神经组织和精神状况有良好的影响，还参与糖的代谢，对维持胃肠道的正常蠕动、消化腺的分泌、心脏及肌肉等的正常功能起重要作用。胎宝宝需要维生素 B_1 来帮助生长发育，维持正常的代谢。	奶类如牛奶，肉类如牛肉、羊肉等，蛋类如鸡蛋、鸭蛋等，以及鱼、虾等水产品，还有豆制品，都是补充蛋白质的极好食物。
推荐食物：牛奶、豆制品、虾、干贝。	**推荐食物：**谷类、豆类、干果、绿叶蔬菜、粗粮。	**推荐食物：**鸡蛋、瘦肉、牛奶、鱼、豆制品。

瘦孕营养三餐

胎宝宝的生长速度开始加快，孕妈妈的胃口也好了起来。但是，为两个人吃饭不等于吃两个人的饭，孕妈妈增加营养摄入的同时，也要控制进食量。孕期的营养贵在合理和平衡，如果孕妈妈过度肥胖就会危及胎宝宝和自身的健康。

水果酸奶吐司

原料：全麦吐司2片，酸奶300毫升，蜂蜜、草莓、哈密瓜、猕猴桃各适量。

做法：①全麦吐司切成方丁；所有水果洗净，果肉切块。②酸奶倒入碗中，加适量蜂蜜，再放入全麦吐司丁、水果块，搅拌均匀。

营养点评 全麦吐司含丰富的膳食纤维，可让孕妈妈较快产生饱腹感，间接减少热量摄取，而且易于消化。再搭配一杯牛奶或酸奶，加点蔬菜水果，营养摄入更全面。

松仁鸡肉卷

原料：鸡肉50克，虾仁50克，松仁20克，胡萝卜碎、鸡蛋清、干淀粉、盐、料酒各适量。

做法：①鸡肉洗净，切成薄片。②虾仁洗净，剁成蓉，倒入胡萝卜碎、盐、料酒、鸡蛋清、干淀粉，搅拌均匀。③在鸡肉片上放虾蓉和松仁，卷成卷儿，入蒸锅大火蒸熟，切成段即可。

营养点评 松仁含有丰富的氨基酸，有健脑益智的作用，和鸡肉一起吃有润肠通便的效果，还可以增强体质。

蒸龙利鱼柳

原料： 龙利鱼 100 克，豆豉、料酒、葱花、姜丝、盐、植物油各适量。

做法： ①龙利鱼提前一晚放入冰箱冷藏室解冻，用盐、料酒、葱花、姜丝腌制 15 分钟。②入蒸锅，大火蒸 6 分钟。③油锅烧热，爆香葱花，加豆豉翻炒，淋在蒸好的龙利鱼上即可。

营养点评 龙利鱼被称为“护眼鱼肉”，所含的 $\omega-3$ 脂肪酸，可以保护眼睛，所以特别适合整天面对电脑的上班族孕妈妈食用。

番茄炒山药

原料： 番茄 100 克，山药 150 克，盐、葱花、姜末、植物油各适量。

做法： ①番茄、山药洗净，去皮、切片。②油锅烧热，放入葱花、姜末翻炒出香，放入番茄片、山药片，翻炒至熟后加盐调味即可。

营养点评 番茄含有丰富的维生素，均衡营养的同时，还可以帮助调节食欲，并且能帮助消化。

意式蔬菜汤

原料： 胡萝卜、南瓜、西蓝花、白菜各 100 克，洋葱 1 个，高汤、植物油各适量。

做法： ①胡萝卜、南瓜洗净，切小块；西蓝花洗净，掰小朵；白菜、洋葱洗净，切碎。②油锅烧热，放入洋葱碎，中火翻炒至洋葱变软。③倒入所有蔬菜，翻炒 2 分钟，倒入高汤，烧开后转小火炖煮 10 分钟即可。

营养点评 意式蔬菜汤中食材多样，营养丰富，不仅能提高孕妈妈的食欲，还能减轻妊娠水肿、预防妊娠期高血压综合征。

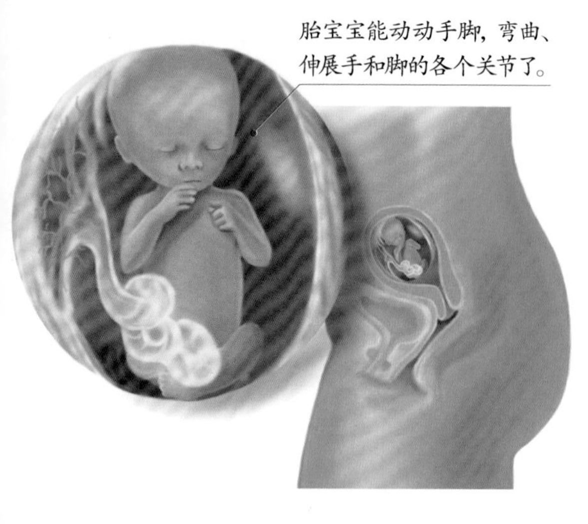

第 14 周

胎宝宝：开始活动了

胎宝宝手指上出现了独一无二的指纹印。小家伙比上周更加敏捷，其神经元迅速增多，神经突触形成，条件反射能力加强。如果用手轻轻触摸孕妈妈的腹部，胎宝宝就会在肚中蠕动，不过孕妈妈现在还感觉不到。

孕妈妈：腹部开始隆起

现在孕妈妈的子宫增大，腹部也隆起，看上去已是明显的孕妈妈模样。由于体内的雌性激素较高，盆腔及阴道充血，阴道分泌物增多，孕妈妈的皮肤偶尔会出现瘙痒的症状。

体重管理：少食多餐，营养搭配均衡

本周，为了满足胎宝宝的生长发育，孕妈妈会增加食物的摄入量从而使胎宝宝获得更多、更全面的营养。为了避免体重增长过快，孕妈妈依旧要注意少食多餐，营养搭配均衡，适当补充脂肪。

营养重点：碘、维生素 D、脂肪

碘	维生素 D	脂肪
孕妈妈每天碘的摄入量应在 230 微克左右，最好由蔬菜和海产品提供，多吃含碘丰富的食物，并坚持食用加碘盐。	补充维生素 D 有助于预防胎宝宝出现佝偻病，因此，维生素 D 也被称为“抗佝偻病维生素”。维生素 D 还叫“阳光维生素”，因为晒太阳可促进维生素 D 的合成。一般食物中含量较少，油多的深海鱼、蘑菇中少量会有。	胎宝宝进入快速生长阶段，孕妈妈应注重脂肪的补充。如果缺乏，孕妈妈可能会发生脂溶性维生素缺乏症，会影响胎宝宝心血管和神经系统的发育和成熟。
推荐食物：海带、海鱼、紫菜、海虾、海蜇。	**推荐食物**：鱼肝油、牛奶、蛋黄。	**推荐食物**：植物油、瘦肉、花生、黑芝麻、蛋黄。

瘦孕营养三餐

胎宝宝的甲状腺开始工作，对碘的需求量增加。孕妈妈要适当多吃一些海带、紫菜、海虾等含碘丰富的食物，同时还要注重维生素 D、脂肪和膳食纤维的补充。

海带焖饭

原料： 大米50克，水发海带30克，盐适量。

做法： ①大米淘洗干净；海带洗净，切块。②锅中放入大米和适量水，大火烧沸后放入海带块，小火煮至米粒熟软，加盐调味。③盖上锅盖，小火焖15分钟即可。

营养点评 海带含有丰富的碘、钙和膳食纤维。碘是有益胎宝宝的智力营养素，为了胎宝宝的健康和智力发育，孕妈妈要做好补碘计划。

荷塘小炒

原料： 莲藕100克，胡萝卜、荷兰豆各50克，干黑木耳、盐、水淀粉、植物油各适量。

做法： ①干黑木耳洗净泡发；荷兰豆择洗干净；莲藕洗净，去皮、切片；胡萝卜洗净，去皮、切片；水淀粉加盐调成芡汁。②胡萝卜片、荷兰豆、黑木耳、莲藕片入沸水焯烫断生，捞出沥干。③油锅烧热，倒入断生后的食材翻炒出香，用芡汁勾芡即可。

营养点评 莲藕中含有黏液蛋白和膳食纤维，能与食物中的胆固醇及甘油三酯相结合，使其从粪便中排出，从而减少人体对脂类的吸收，很适合偏胖的孕妈妈食用。

椒盐玉米粒

小炒

原料：玉米粒半碗，鸡蛋清、干淀粉、椒盐、植物油各适量。

做法：①玉米粒、鸡蛋清、干淀粉倒入碗中，搅拌均匀。②油锅烧热，倒入混合的鸡蛋清、玉米粒和干淀粉，半分钟后再翻炒，炒至玉米粒呈金黄色后盛出。③撒上椒盐，搅拌均匀即可。

营养点评 玉米中含有丰富的膳食纤维，可以刺激胃肠蠕动，预防和改善便秘。玉米还能阻碍人体吸收过量的葡萄糖，抑制饭后血糖升高。

香杧牛柳

原料：牛里脊肉 100 克，杧果 100 克，青椒、红椒各 20 克，鸡蛋清、盐、白糖、料酒、干淀粉、植物油各适量。

做法：①牛里脊肉洗净，切条，加鸡蛋清、盐、料酒、干淀粉腌制 10 分钟；青椒、红椒洗净，去子、切条；杧果去皮，取果肉切条。②油锅烧热，倒入牛肉条，快速拨开后捞起；青椒条、红椒条过油，捞起控油。③锅中留少许底油，倒入牛肉条快速翻炒，加白糖微焖片刻，加青椒条、红椒条翻炒。④出锅前放入杧果条，搅拌均匀即可。

营养点评 牛肉蛋白质含量高，而脂肪含量低，孕妈妈可以放心食用。牛肉中富含铁，多食用有助于预防缺铁性贫血。

猕猴桃酸奶

原料：猕猴桃 2 个，酸奶 250 毫升。

做法：①猕猴桃剥皮，切块。②猕猴桃、酸奶放入榨汁机，榨汁后搅拌均匀，倒出后饮用即可。

功效 猕猴桃中丰富的维生素 C 和膳食纤维，可促进消化，预防便秘；酸奶中富含钙，可促进胎宝宝骨骼发育。

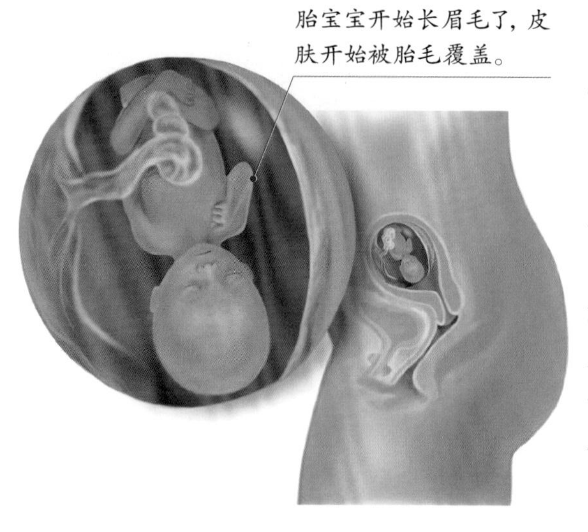

第15周

胎宝宝：公主或王子，一个幸福的谜语

胎宝宝的腿长超过了胳膊，手指甲完全形成，指部的关节也开始活动了。他会在孕妈妈肚子里做许多小动作：握拳、眯眼斜视、皱眉头、做鬼脸、吮吸大拇指，这些都能促进他的大脑发育。此时通过B超可以辨别胎宝宝的性别了。

孕妈妈：可能出现牙龈出血

由于孕期激素分泌增加，牙龈组织的血管扩张、敏感度增强，孕妈妈刷牙的时候牙龈还会出血。孕妈妈还会出现心肺功能负荷增加，心率增速，呼吸加快、加深等反应，要注意缓解焦虑的情绪。

体重管理：减少摄入高热量的食物

此时，孕妈妈容易出现体重增长过快的情况，应尽量减少高热量食物及零食的摄入。摄入过多高热量食物及零食不但会使孕妈妈体重增长过快，还容易增加患妊娠期糖尿病的风险。

本周体重增长

不宜超过300克

营养重点：β－胡萝卜素、维生素C、蛋白质

β－胡萝卜素	维生素C	蛋白质
孕妈妈每日摄取6毫克β－胡萝卜素，相当于每天食用1根胡萝卜，就能满足自身和胎宝宝的营养所需。β－胡萝卜素主要存在于深绿色或红黄色的蔬菜和水果中，通常来说，越是颜色深的水果或蔬菜，含β－胡萝卜素越丰富。	人脑中维生素C的量比其他组织高得多，孕妈妈充足摄取维生素C，可以提高自身免疫力。反之，则易引起坏血病，出现毛细血管脆弱皮下出血、牙龈肿胀、溃疡等症状。	在孕早期，蛋白质每天的摄入量应在55~60克为宜；到了孕中期，应该保证在70~75克；到了孕晚期，要增加到每天85~90克。
推荐食物：胡萝卜、西蓝花、红薯、杧果、哈密瓜、甜瓜。	**推荐食物：**猕猴桃、橙子、木瓜、番茄。	**推荐食物：**牛肉、鱼、虾、海参、豆制品、牛奶。

瘦孕营养三餐

到了孕中期，胎宝宝进入快速发育阶段，对热量的需求在增加，其牙根和骨骼的发育对钙和多种维生素的需求量也在增加。这一时期，孕妈妈要多吃一些高热量的食物以及富含钙和维生素的食物。

黄金炒饭

原料： 虾8只，鸡蛋黄2个，青豆35克，米饭1碗，盐、植物油各适量。

做法： ①鸡蛋黄打散；虾去壳去虾线，切段。②锅中倒入适量水，加盐烧开，倒入虾仁、青豆，煮熟后捞出沥干。③另起油锅烧热，倒入米饭，炒散，倒入蛋黄液翻炒，直至米饭均匀裹上蛋黄液，变成金黄色。④放入青豆和虾仁，加盐调味，翻炒均匀即可。

营养点评 虾仁含有丰富的蛋白质和钙，滋味鲜美，营养价值高，可以为孕妈妈和胎宝宝补充营养。

清蒸鲈鱼

原料： 鲈鱼1条，鲜香菇4朵，熟火腿20克，笋片30克，香菜、盐、料酒、生抽、姜丝、葱丝各适量。

做法： ①鲈鱼处理干净，用刀在鱼身两面划上几道，放入蒸盘；鲜香菇洗净，切片，放在鱼身内及周围处。②熟火腿切片，与笋片一同码在鱼身上，撒上姜丝、葱丝，加盐、生抽、料酒。③入蒸锅，大火蒸8~10分钟，鱼熟后取出，撒上香菜即可。

营养点评 鲈鱼富含钙和蛋白质，且清蒸鲈鱼热量低，营养流失少。孕妈妈吃鲈鱼既补充营养，又不会造成营养过剩而导致肥胖。

莴笋炒口蘑

小炒

原料：口蘑、莴笋各100克，胡萝卜50克，盐、植物油适量。

做法：①莴笋、胡萝卜洗净，去皮、切条；口蘑洗净，切片。②油锅烧热，放入莴笋条、胡萝卜条翻炒，捞出。③另起油锅，放入口蘑片，快速翻炒，加盐调味。④放入莴笋条、胡萝卜条翻炒，加适量水焖煮一会儿，再翻炒片刻即可。

营养点评 口蘑富含优质植物蛋白质、膳食纤维及维生素D，属于高营养、低热量食材，孕妈妈经常食用，可增强抵抗力，预防和改善便秘。

炒三脆

原料：银耳10克，胡萝卜、西蓝花各50克，水淀粉、盐、姜片、芝麻油、植物油各适量。

做法：①银耳用温水泡发，去根撕小朵；胡萝卜洗净，切丁；西蓝花洗净，掰小朵。②西蓝花入沸水焯熟。③油锅烧热，爆香姜片，放入银耳、西蓝花朵、胡萝卜丁翻炒片刻，加水淀粉、盐，翻炒均匀，淋入芝麻油即可。

营养点评 银耳富有天然植物胶质，孕妈妈经常食用可以润肤淡斑。西蓝花和胡萝卜含膳食纤维，可促进肠蠕动。

肉末菜粥

原料：大米30克，猪肉末20克，青菜50克，葱花、姜末、盐、植物油各适量。

做法：①大米淘洗干净，放入锅内，加适量清水，小火熬成粥；青菜洗净，切碎。②油锅烧热，爆香葱花、姜末，倒入青菜碎、猪肉末炒散。③将炒好的肉末和青菜倒入粥内，稍煮片刻，加盐调味，搅拌均匀即可。

营养点评 此粥含有蛋白质及碳水化合物、脂肪、多种维生素，孕妈妈吃肉末菜粥，不仅容易消化，补充体力的同时还可预防便秘。

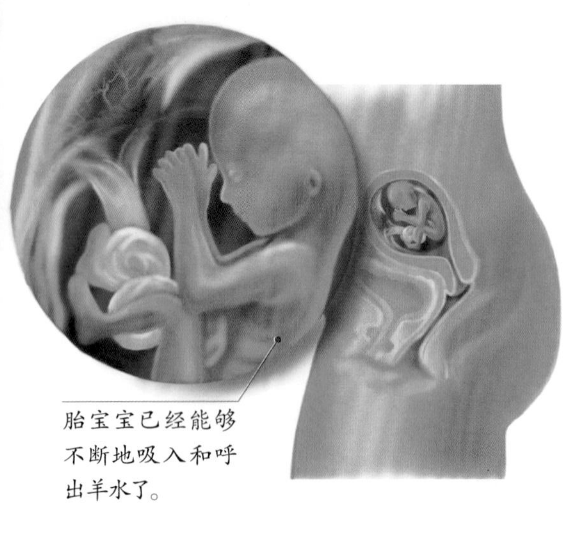

胎宝宝已经能够不断地吸入和呼出羊水了。

第16周

胎宝宝：偷偷打嗝呢

胎宝宝看上去还是非常小，大小正好可以放在孕妈妈的手掌里，快速稳定的发育继续进行。胎宝宝会不停地打嗝，但是孕妈妈听不到打嗝的声音。胎宝宝的心脏搏动增强，可通过超声波测胎心音。

孕妈妈：能感觉到胎动了

孕妈妈的肚子一天比一天大，一些孕妈妈可以感觉到胎动了。当感觉到第一次胎动时，一定要记录下时间，产检时告诉医生。有时孕妈妈会感到腹部一侧有轻微的触痛，这是为适应胎宝宝的变化，子宫及子宫两边的韧带和骨盆迅速增大引起的反应，不必担心。

体重管理：适当运动，控制体重

本周孕妈妈腹部隆起，乳房增大，体重增加。在舒适的孕中期，孕妈妈可多做运动，以便控制体重。饮食上注意粗细搭配，防止营养过剩。

本周体重增长

不宜超过 300 克

营养重点：维生素 C、铁、锌

维生素 C	铁	锌
孕中期，维生素 C 的摄入推荐量为每天 115 毫克。满足这个需求量的有 2 个猕猴桃，200 克菜花，1 个柚子，半个番石榴，每天食用其中的任何一种即可。	食物中的铁分为血红素铁和非血红素铁，血红素铁主要存在于动物血液、肌肉、肝脏之中，非血红素铁存在于植物性食物中。	缺锌会造成孕妈妈的嗅觉、味觉异常，食欲减退，消化和吸收功能不良。不过孕妈妈要注意的是，每天锌的摄入量不能超过 20 毫克。
推荐食物：红枣、西蓝花、猕猴桃、橙子、柚子、番石榴、南瓜、菜花。	**推荐食物**：瘦肉、猪肝、鸭血、葡萄干、黑木耳。	**推荐食物**：牡蛎、瘦肉、猪肝、鱼、香菇、松仁。

瘦孕营养三餐

胎宝宝继续发育，对维生素 C、铁、锌、蛋白质的需求也不断增加。本周孕妈妈要多摄取优质蛋白质、维生素 C、铁、锌等营养物质。全面、清淡的饮食是本周的首选，要做到荤素搭配、粗细搭配、生熟搭配、干稀搭配、口味搭配等。

雪菜肉丝面

原料：面条100克，猪肉丝50克，雪菜半棵，生抽、盐、料酒、葱花、姜末、高汤、植物油各适量。

做法：①雪菜洗净，用冷水浸泡2小时，捞出沥干，切末；猪肉丝洗净，加料酒搅拌均匀。②油锅烧热，放入葱花、姜末、肉丝炒至肉丝变色，再放入雪菜末翻炒，放入料酒、生抽、盐，拌匀盛出。③面条煮熟，挑入盛有适量酱油、盐的碗内，舀倒入高汤，再把炒好的雪菜肉丝均匀地覆盖在面条上。

营养点评 雪菜组织较粗硬，含有膳食纤维，可改善便秘。腌制后的雪菜有一种特殊的鲜香味，能增进食欲，帮助消化，但孕妈妈要控制量，不宜多吃腌制食物。

京酱西葫芦

原料：西葫芦200克，海米、枸杞子、盐、甜面酱、水淀粉、姜末、高汤、料酒、植物油各适量。

做法：①西葫芦洗净，切厚片。②油锅烧热，倒入姜末、海米翻炒，加甜面酱继续翻炒，然后倒入高汤、料酒、盐和西葫芦片。③待西葫芦煮熟后放入枸杞子，用水淀粉勾芡，小火收汁即可。

营养点评 西葫芦属于低钠食物，患有妊娠期高血压综合征的孕妈妈可以经常食用。西葫芦还可以与番茄一起炒，适合喜欢酸口味的孕妈妈食用。

黄豆海带丝

凉菜

原料：干海带、黄豆各10克，胡萝卜30克，熟白芝麻、芝麻油、盐各适量。

做法：①干海带洗净泡发，捞出沥干，入蒸锅，大火蒸熟，取出切丝；黄豆泡发；胡萝卜洗净，切丝。②黄豆、胡萝卜丝入沸水煮熟，捞出沥干。③海带丝、胡萝卜丝、黄豆放入盘中，加入芝麻油、盐，搅拌均匀，撒上熟白芝麻即可。

营养点评 此菜营养全面，其中大量的B族维生素和膳食纤维，可促进肠道蠕动，减少脂肪堆积。

猪肉焖扁豆

原料：猪瘦肉50克，扁豆100克，葱花、姜末、胡萝卜片、盐、高汤、植物油各适量。

做法：①猪瘦肉洗净，切薄片；扁豆择洗干净，切段。②油锅烧热，用葱花、姜末炝锅，放入肉片炒散，再放入扁豆段、胡萝卜片翻炒。③加盐、高汤，中火焖至扁豆熟透即可。

营养点评 猪瘦肉富含铁、蛋白质和多种氨基酸，豆角还含有丰富的维生素C，孕妈妈经常食用这道菜，能健脾养胃，增进食欲，帮助预防和改善缺铁性贫血。

玉米排骨汤

原料：排骨、冬瓜各250克，玉米2根，盐、料酒、葱、姜各适量。

做法：①玉米洗净，切段，再切十字刀；葱洗净，切段；姜洗净，切片；冬瓜去皮切块；排骨洗净备用。②锅中加入适量水，下入排骨，调入料酒，煮至浮沫溢出、肉色变白后捞出，放在凉水下冲洗。③砂锅中下入排骨、玉米、葱段、姜片，加入没过食材的水，盖上盖子，大火烧开后转小火，炖煮约1小时。④下入冬瓜，调入盐，盖上盖子，小火慢炖约20分钟即可。

营养点评 冬瓜利尿消肿，热量低，适合孕期有水肿情况的孕妈妈食用，而且有助减少脂肪堆积；排骨可为孕妈妈补钙，增强体力。

第17周

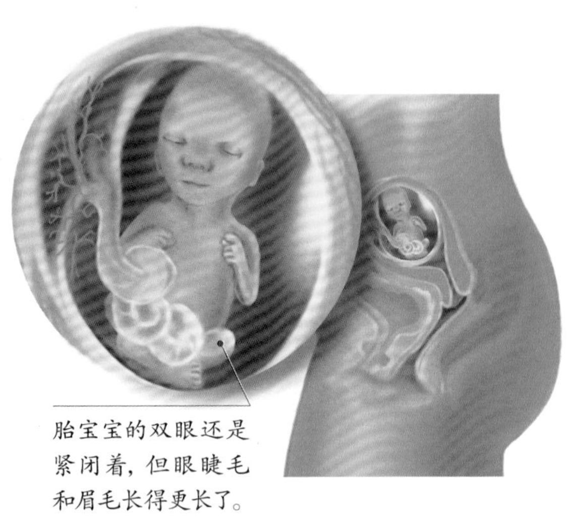

胎宝宝的双眼还是紧闭着，但眼睫毛和眉毛长得更长了。

胎宝宝：爱动的小不点跳起了脐带舞

胎宝宝看上去像一只梨。肺部正在发育得更强壮，以利于将来适应子宫外的空气。这个时候，胎宝宝喜欢把脐带当作自己的玩具，现在他已经有自我保护的能力了，不用担心他玩脐带时勒住自己。

孕妈妈：肚子一天比一天大

这时孕妈妈的小腹看起来更加突出，在肚脐和耻骨之间，孕妈妈会摸到一团硬东西，那是子宫的上部。孕妈妈偶尔会感觉腹部一侧有轻微的疼痛感，那是子宫在迅速增大。如果疼痛感剧烈或出现频繁，则要及时就医。

体重管理：进入体重增长高峰期

胎宝宝进入生长发育高峰期，孕妈妈也进入体重增长高峰期。结合宫高、腹围，监测体重，合理进食，科学搭配，避免妊娠期高血压综合征、妊娠期糖尿病的发生。

本周体重增长

不宜超过 300 克

营养重点：硒、维生素 B_2、蛋白质

硒	维生素 B_2	蛋白质
孕妈妈补硒不仅可以预防妊娠期高血压综合征、流产，而且还能减小胎宝宝畸形的概率。所以，孕妈妈每天应该补充 50 微克硒。一般来说，2 个鸡蛋能提供 10 微克的硒，2 个鸭蛋则能提供 20 微克的硒。	维生素 B_2 参与人体内蛋白质、脂肪和碳水化合物三大产能营养素的代谢过程，缺乏维生素 B_2 会造成这三大产能营养素和核酸的能量代谢无法正常进行，在孕中期会引发口角炎、眼部疾病、皮肤炎症，还会导致胎宝宝营养摄入不足，生长发育缓慢。	孕妈妈需要摄入充足的蛋白质，不仅满足自身的需要，还对胎宝宝的大脑发育至关重要。尤其是患有妊娠期高血压综合征的孕妈妈，常有低蛋白血症，久而久之会影响胎宝宝的发育。
推荐食物：猪腰、鱼、虾、海蜇、鸡蛋、牛肉、橙子、柚子、番石榴、南瓜、菜花。	**推荐食物**：猪腰、鸡肝、紫菜、黑豆、茄子、平菇。	**推荐食物**：鸡蛋、牛奶、瘦肉、鱼、豆制品。

瘦孕营养三餐

随着胎宝宝心脏功能的日益强大，孕妈妈补硒就显得更加重要。孕妈妈要适量增加日常饮食中鱼、禽、蛋、瘦肉的摄入量，这些食物除了能提供优质硒外，还能提供丰富的脂肪酸、蛋白质、卵磷脂、维生素 A、维生素 B_2、铁、钙等。

阳春面

原料：面条 100 克，洋葱 1 个，葱花、蒜末、芝麻油、盐、高汤各适量。

做法：①高汤烧开，保温备用；洋葱去皮，洗净、切丝。②锅中倒入芝麻油烧热，放入洋葱丝，用小火煸出香味，变色后捞出，盛出葱油。③在盛面的碗中放入 1 勺葱油、适量盐。④把煮熟的面条挑入碗中，加入高汤，撒上葱花、蒜末即可。

营养点评 洋葱可以降血糖、降血脂、降血压，还可以抵御流感病毒，有较强的杀菌作用。

西芹虾仁百合

原料：对虾 100 克，百合、鸡蛋各 1 个，西芹、胡萝卜各 1 根，干淀粉、盐、料酒、植物油各适量。

做法：①对虾去壳、去虾线，洗净，入沸水汆烫熟，捞出沥干；鸡蛋打散；西芹择洗干净，切段；胡萝卜洗净，去皮、切片；百合去头尾，掰小瓣。②西芹段、胡萝卜片、百合瓣入沸水焯烫，捞出沥干；虾仁用蛋液、料酒、盐腌制 15 分钟，倒入干淀粉，搅拌均匀。③另起油锅烧热，放入所有食材，翻炒均匀后加盐调味即可。

营养点评 西芹和百合中富含人体所需的多种营养素，尤其是其含有的优质植物蛋白，能与虾仁的动物蛋白互补。

葱爆羊肉

原料：羊肉 100 克，大葱 1 根，花椒粉、生抽、干淀粉、蒜片、料酒、醋、白糖、盐、植物油各适量。

做法：①羊肉洗净，去筋膜，温水漂洗去膻味，冷冻至半硬；大葱洗净，切斜丝。②羊肉切薄片，放入花椒粉、生抽、干淀粉，腌制片刻。③油锅烧热，放入腌好的羊肉片，翻炒至变色，捞出备用。④油锅烧热，爆香蒜片、葱丝，放入炒好的羊肉片，加料酒、醋、白糖、盐，翻炒均匀即可。

营养点评 羊肉热量较高，适合寒冬季节食用，但孕妈妈一次不要进食太多。冬季食用羊肉补身后，孕妈妈要注意适当多喝水，多吃一些水果和蔬菜及含钙量比较丰富的食物。

草莓牛奶西米露

原料：西米 100 克，草莓 50 克，牛奶 250 毫升，白糖适量。

做法：①西米用开水泡开，入蒸锅蒸熟；草莓洗净，切粒。②锅中加入清水，倒入白糖、西米，煮开后转小火。③待西米煮至透明，倒入牛奶煮沸，盛出，放入草莓粒即可。

营养点评 牛奶、草莓、西米营养全面，富含碳水化合物、维生素、蛋白质、钙等，可作为孕妈妈日常的加餐。

鸡蛋玉米羹

原料：鸡肉 100 克，玉米粒 50 克，鸡蛋 1 个，盐适量。

做法：①鸡肉洗净，切丁；鸡蛋打散。②把玉米粒、鸡肉丁放入锅内，加水大火煮开，撇去浮沫。③将蛋液沿着锅边倒入，一边倒一边搅动，煮熟后加盐调味即可。

营养点评 玉米和鸡蛋搭配清爽不油腻，适合食欲不振、便秘的孕妈妈食用。

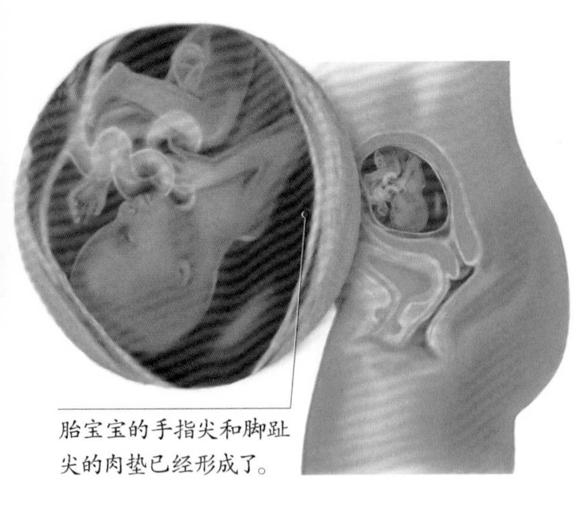

胎宝宝的手指尖和脚趾尖的肉垫已经形成了。

第18周

胎宝宝：听到妈妈的声音

此时胎宝宝的听力正在形成，能听到孕妈妈心脏怦怦的跳动声，他很爱听孕妈妈温柔的说话声。每天睡觉前，轻轻抚摸肚子，和胎宝宝打个招呼吧。胎宝宝骨骼几乎都是橡胶似的软骨，以后会越变越硬。

孕妈妈：身体变得笨拙起来

孕妈妈的肚子越来越大，身体也变得笨拙起来。孕妈妈的尾骨和肌肉会感觉有些疼痛，起身快的时候还会感觉有些头晕，这是因为孕中期，孕妈妈的血压会比平时低一些。

体重管理：配合饮食日记进行分析

孕中期，体重增长较快，控制体重计划的执行可能会不太顺利，这时孕妈妈如果配合饮食日记进行分析，会比较容易找到解决办法。在控制体重计划的执行中，如果某一天体重增长超额了，孕妈妈也不必沮丧，在后面几天进行调整就行了。

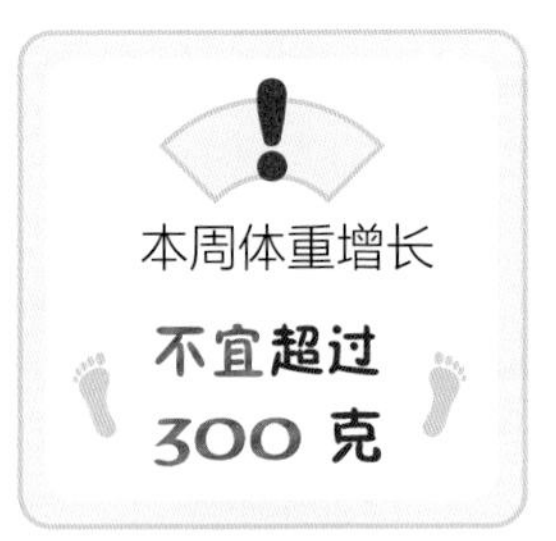

营养重点：维生素 B_{12}、钙、维生素 D

维生素 B_{12}	钙	维生素 D
维生素 B_{12} 是孕妈妈抗贫血所必需的，能够促进正常的生长发育和防治神经脱髓鞘。维生素 B_{12} 只存在于动物性食物中，孕期推荐摄入量为每天 2.9 微克，180 克软干奶酪或 2 杯牛奶（500 毫升）即可。	钙是胎宝宝骨骼和牙齿发育的必需物质。胎宝宝缺钙易发生骨骼病变、生长迟缓，以及先天性佝偻病等。正常情况下，孕中期的孕妈妈每日所需钙为 1 000 毫克。	维生素 D 可以促进食物中钙的吸收，因此，补充钙的同时也应补充足够的维生素 D，才能使钙真正地吸收并且沉积到骨骼中去。孕妈妈每日摄取 10 微克维生素 D 就足够了。
推荐食物：牛奶、乳鸽、瘦肉、鱼。	**推荐食物：**牛奶、豆腐、虾、豆芽。	**推荐食物：**鱼肝油、鸡蛋、牛奶、虾、海鱼。

瘦孕营养三餐

孕妈妈在饮食上要少吃咸肉等高盐食物。随着胎宝宝的日益活跃，除了延续上周的营养计划外，孕妈妈这周可适当吃一些坚果类食物，既能缓解随时出现的饥饿，又能补充DHA，让胎宝宝更加健壮地发育。

豆角焖米饭

原料：大米、豆角各100克，猪肉末、盐、植物油各适量。

做法：①豆角择洗干净，切丁；大米淘洗干净。②油锅烧热，放入豆角丁、猪肉末翻炒一下。③将豆角丁、猪肉末、大米放入电饭锅，加入比煮米饭时稍多一点的水焖熟，出锅前加盐调味即可。

营养点评 豆角焖米饭含有易于消化吸收的优质蛋白质、碳水化合物及多种维生素、微量元素等，可为孕妈妈补充营养。

三丝木耳

原料：瘦猪肉50克，干黑木耳15克，甜椒、蒜末、盐、生抽、干淀粉、植物油各适量。

做法：①干黑木耳用温水泡发，洗净，切丝；甜椒洗净，切丝。②猪肉瘦洗净，切丝，加生抽、干淀粉，拌匀后腌制15分钟。③油锅烧热，用蒜末炝锅，放入猪肉丝翻炒，再放入干黑木耳丝、甜椒丝炒熟，加盐调味即可。

营养点评 黑木耳含铁量丰富，是植物中的补铁“高手”。含非血红素铁的黑木耳与含血红素铁的猪肉同食，并增加促进铁吸收的维生素C，有助提高铁的吸收率和总摄入量。

酿豆腐

煎菜

原料：南豆腐100克，猪肉（三成肥七成瘦）50克，鲜香菇、虾仁、姜末、葱花、生抽、盐、白糖、白胡椒粉、蚝油、水淀粉、植物油各适量。

做法：①鲜香菇、虾仁洗净，切末；猪肉洗净，剁碎，加香菇末、虾仁末、姜末、生抽、盐、白糖、白胡椒粉拌成馅；南豆腐切块，从中间挖长条形坑，填入调好的馅。②油锅烧热，盛肉馅的豆腐面朝下，煎至金黄色，翻面。③倒入蚝油、生抽、白糖，加水，小火炖煮2分钟，盛出。④剩余汤汁用水淀粉勾芡，收汁，淋在豆腐上，撒上葱花即可。

营养点评 豆腐的营养价值与牛奶相近，对因乳糖不耐症而不能喝牛奶的孕妈妈来说，豆腐是很好的替代品。

菠菜鸡煲

原料：鸡肉100克，菠菜100克，鲜香菇3朵，冬笋、料酒、盐、植物油各适量。

做法：①鸡肉洗净，剁小块；菠菜择洗干净，入沸水焯烫；鲜香菇洗净，切块；冬笋洗净，切片。②油锅烧热，放入鸡肉、香菇块翻炒，放入冬笋片、料酒、盐，炒至鸡块熟烂。③菠菜放在砂锅中铺底，将炒熟的鸡块等倒入即可。

营养点评 菠菜中含有大量的β－胡萝卜素，还含有维生素B_6、叶酸和钾等。菠菜中所含的β－胡萝卜素，可在孕妈妈体内转化成维生素A，能促进胎宝宝视力发育。

百合莲子饮

原料：百合3朵，莲子1把，桂花蜜、冰糖各适量。

做法：①百合掰小瓣，洗净；莲子清水浸泡10分钟后捞出。②锅中加适量水，放入莲子煮5分钟，捞出。③莲子回锅，再次煮开后，放入百合瓣，再加入冰糖、桂花蜜调味即可。

营养点评 百合清心，莲子安神，有失眠症状或情绪不佳的孕妈妈可常饮用；此饮品还含有维生素B_1、维生素B_2、钙等营养成分，对胎宝宝的大脑和皮肤的发育大有裨益。

第19周

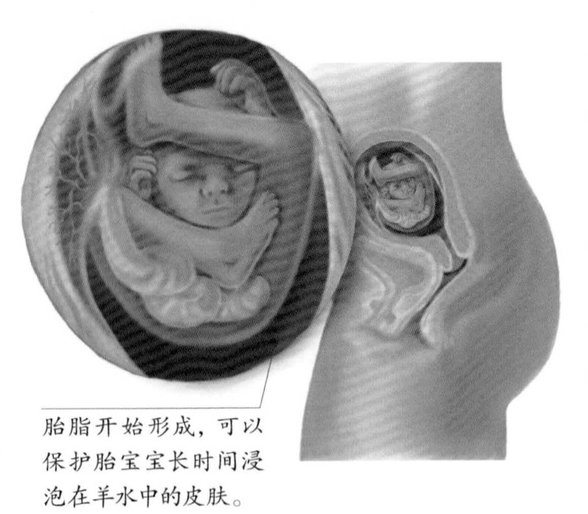

胎脂开始形成，可以保护胎宝宝长时间浸泡在羊水中的皮肤。

胎宝宝：胎动更加频繁

现在的胎宝宝动作不但灵活，而且越发协调。交叉腿、屈体、后仰、踢腿、伸腰和滚动，样样精通，胎宝宝远比孕妈妈想象得活跃。

孕妈妈：胎动影响睡眠

孕妈妈一直期待的胎动，一般在这周就会明显感觉到。孕妈妈可以感觉到胎宝宝在不停地运动，有时胎动太剧烈会影响睡眠。胎动在之后的10周里将非常频繁，直到胎头入盆为止。

体重管理：计算体重增长值，适当增加运动

配合饮食计划，适度增加运动，保持体重持续、稳定、合理地增长。继续测量体重，计算增长值，如有超标，可在随后几天适度增加运动量，配合饮食来控制体重，其效果会好于单一的饮食控制。

营养重点：维生素A、维生素D、蛋白质

维生素A	维生素D	蛋白质
孕中期，维生素A每天的建议摄入量为770微克。天然维生素A只存在于动物性食物里，红色、橙色、深绿色的果蔬中有较丰富的β-胡萝卜素，在人体内可以转化成维生素A。125克胡萝卜、65克鸡肝和75克西蓝花中的任何一种，就能满足孕妈妈每天的所需量。	维生素D能够促进食物中钙、磷的吸收和骨骼的钙化。孕妈妈如果缺乏维生素D，容易造成胎宝宝的骨骼钙化障碍及牙齿发育出现缺陷。除了通过食物补充外，还应该多晒太阳，有助于人体自身合成维生素D。	这段时间孕妈妈要继续补充蛋白质，孕中期每天的需求量为70~75克，优质蛋白质有助于胎盘生长，并且可支持胎宝宝脑部发育，有助于胎宝宝内脏、肌肉、皮肤、血液的发育和合成。
推荐食物：动物肝脏、鱼肝油、胡萝卜、西蓝花、油菜。	**推荐食物**：鱼肝油、鸡蛋、牛奶、奶酪、鱼。	**推荐食物**：鸡蛋、奶制品、豆制品、瘦肉、鸡肉。

瘦孕营养三餐

由于身体越来越笨重，孕妈妈要休息好，还要学会放松，可以通过饮食和改变生活习惯来调节轻微的失眠。如失眠症状严重，应及时就医。要多吃水果、蔬菜和奶制品，如苹果、酸奶、牛奶等，都能提高孕妈妈的睡眠质量。

什锦蘑菇饭

原料：米饭1碗，鲜香菇、草菇各2朵，金针菇1把，杏鲍菇1个，海苔1片，洋葱、盐、植物油各适量。

做法：①鲜香菇、草菇洗净，切丁；金针菇去根洗净，切段；杏鲍菇、洋葱洗净，切粒；海苔切丝。②油锅烧热，爆香洋葱，放入切好的香菇、草菇、金针菇、杏鲍菇翻炒出香，加盐、水略煮。③米饭加热，把炒好的蘑菇带汤汁倒入，搅拌均匀，撒上海苔丝即可。

营养点评 菇类的蛋白质虽然没有肉类高，但比大多数蔬菜都要高，而且低热量、低脂肪，又富含膳食纤维、矿物质、氨基酸，可以增强孕妈妈的免疫力。

芦笋三文鱼

原料：三文鱼100克，柠檬半个，芦笋80克，照烧汁、盐、生抽、黑胡椒粉、植物油各适量。

做法：①三文鱼洗净，去皮，挤入柠檬汁，加盐、生抽、黑胡椒粉，搅拌均匀，腌制5分钟。②芦笋洗净，入沸水焯烫断生。③油锅烧热，倒入芦笋，中火翻炒后盛出备用。④锅中留底油，倒入三文鱼，煎至两面金黄，倒入照烧汁，两面再煎片刻盛出，与芦笋摆盘即可。

营养点评 三文鱼富含丰富的ω-3脂肪酸和维生素D，其中的DHA是胎宝宝大脑发育不可缺少的物质。但孕妈妈不宜吃生的三文鱼，一定要煮熟后再食用。

百合炒牛肉

原料：牛肉、百合各 100 克，甜椒片、盐、生抽、植物油各适量。

做法：①百合掰小瓣，洗净；牛肉洗净，切薄片，放入碗中，倒入生抽搅拌均匀，腌制 20 分钟。②油锅烧热，倒入牛肉片，大火快炒，放入甜椒片、百合瓣翻炒至牛肉全部变色，加盐调味后盛出即可。

营养点评 牛肉中富含铁和锌，孕妈妈一周吃 3 或 4 次牛肉，每次 60~100 克，可以预防缺铁性贫血，并能增强免疫力。

白灼金针菇

原料：金针菇 100 克，葱花、生抽、白糖、植物油各适量。

做法：①金针菇去根洗净，入沸水焯烫 1 分钟，捞出沥干，装盘。②生抽加白糖搅拌均匀，淋在金针菇上，并撒上葱花。③油锅烧热，热油淋在葱花上即可。

营养点评 金针菇中氨基酸含量丰富，高于一般菇类，尤其是赖氨酸含量特别高，赖氨酸具有促进胎宝宝智力发育的功能。

香菇瘦肉粥

原料：大米、小米、糙米各 30 克，猪瘦肉 50 克，鲜香菇 3 朵，盐、植物油各适量。

做法：①大米、小米、糙米淘洗干净；猪瘦肉洗净，切丁；鲜香菇洗净，去蒂、切丁。②油锅烧热，爆香鲜香菇丁，加水煮沸，倒入洗净的大米、小米、糙米、猪瘦肉丁，煮至米开花。③最后加盐调味即可。

营养点评 大米、小米养胃。香菇高蛋白、低脂肪，与猪瘦肉一起煮粥，孕妈妈食用后既补充蛋白质又不易发胖。糙米能助消化、降低胆固醇，糙米中还含有锌、铬、锰等微量元素，有利于提高胰岛素的敏感性，对患有妊娠期糖尿病的孕妈妈尤为适宜。

胎宝宝的四肢已发育良好，
头发也在迅速地生长。

第20周

胎宝宝：开始长出细细的头发

胎宝宝本周开始长出细细的头发，味蕾也正在形成。胎宝宝的眉毛和眼睑完全发育成熟，虽然眼睑还闭着，但是眼睛很活跃，眼球可以移动。

孕妈妈：双腿可能会水肿

由于子宫增大，压迫盆腔静脉使下肢血液循环不畅，导致孕妈妈双腿水肿，足背及内外脚踝水肿等现象会明显出现，下午和晚上水肿会更加严重，早上起床时稍有缓解。

体重管理：持之以恒，不能放弃

体重管理需要贯穿整个孕期，要持之以恒才有效果，孕妈妈不能“三天打鱼，两天晒网”。饮食和运动依旧是体重控制的两大支撑，孕妈妈要充分合理计划。

营养重点：钙、铁、膳食纤维

钙	铁	膳食纤维
孕妈妈对钙的摄取不断增多，孕中期每日摄入1000毫克为宜。需要补充钙剂的孕妈妈，应在睡觉前、两餐之间补充。因为血钙浓度在后半夜和早晨最低，所以睡觉前适合补钙。注意要距离睡觉有一段时间，最好是晚饭后半小时再补充。	怀孕时孕妈妈体内血容量扩张，随着胎宝宝和胎盘的快速生长，铁的需求量增加。动物肝脏是补铁首选，孕妈妈可以适当吃一些鸡肝、猪肝。	一般情况下，每天摄入500克蔬菜及100克粗粮就可以满足身体对膳食纤维的大部分需求。且蔬菜和粗粮中的膳食纤维能够增加饱腹感，起到控制食量的作用。
推荐食物：牛奶、虾、豆制品、鸡蛋、鱼。	**推荐食物：**猪肝、瘦肉、黑木耳、鸭血、羊肉。	**推荐食物：**燕麦、竹笋、芹菜、大豆、红豆。

瘦孕营养三餐

孕妈妈要重点补充钙和维生素 D，以促进胎宝宝骨骼的发育。奶类和奶制品含钙比较丰富，吸收率也高，孕妈妈要重点补充。另外，虾和坚果类也含有较多的钙，孕妈妈可适当增加食用量。同时，适量吃些草莓、猕猴桃、蜜瓜、苹果等水果，既补营养又能令孕妈妈心情愉快。

时蔬蛋饼

原料：鸡蛋2个，胡萝卜、四季豆各50克，鲜香菇、盐、植物油各适量。

做法：①四季豆择洗干净，入沸水焯熟，沥干剁碎；胡萝卜洗净，去皮、剁碎；鲜香菇洗净，剁碎。②鸡蛋打散，放入胡萝卜碎、香菇碎、四季豆碎、盐，搅拌均匀。③油锅烧热，倒入蛋液，在半熟状态下卷起，出锅后切成小段即可。

营养点评 时蔬蛋饼食材多样，营养丰富。鸡蛋含有丰富的优质蛋白和钙；胡萝卜含β-胡萝卜素，是孕妈妈膳食中维生素A的主要来源。维生素A能够维持皮肤黏膜完整性，对暗疮、粗糙、干燥脱屑等皮肤问题有一定改善作用。

双椒里脊丝

原料：猪里脊肉100克，青椒、红椒、干淀粉、盐、植物油各适量。

做法：①猪里脊肉洗净，切丝，倒入干淀粉，搅拌均匀；青椒、红椒洗净，切丝。②油锅烧热，倒入猪里脊肉丝，炒至变色。③再倒入青椒丝、红椒丝炒熟，加盐调味即可。

营养点评 红椒和青椒中的维生素C可提高人体对猪里脊肉中铁的吸收，将其与猪里脊肉同炒，这可以减少猪里脊肉的脂肪在体内堆积，孕妈妈可以经常吃。

红烧排骨

原料：猪肋排2根，生抽、熟白芝麻、老抽、料酒、植物油、醋、白糖、姜丝、葱段各适量。

做法：①猪肋排洗净，剁成段，放入碗中，加料酒、生抽搅拌均匀，腌制15分钟；混合醋、生抽、老抽、白糖，调成调味汁备用。②油锅烧热，放入猪肋排段，中火煎至两面金黄，捞出控油备用。③油锅内再倒入少许油，放入姜丝、葱段翻炒出香，放入煎好的猪肋排段翻炒均匀，倒入调味汁，加入没过猪肋排的开水，小火焖30分钟，煮至猪肋排熟烂，大火收汁，撒上熟白芝麻即可。

营养点评 猪肋排含有丰富的骨黏蛋白、骨胶原、磷酸钙、铁等，能改善缺铁性贫血。但此菜高糖和高脂肪，热量较高，肥胖及血脂较高的孕妈妈不宜多食。

豌豆炒虾仁

原料：虾仁50克，豌豆50克，盐、水淀粉、芝麻油、植物油各适量。

做法：①豌豆洗净，入沸水焯熟。②油锅烧热，放入虾仁，快速划散后捞出控油。③锅中留少许底油，放入豌豆、盐、水、虾仁翻炒，用水淀粉勾薄芡，快速翻炒均匀，淋上芝麻油即可。

营养点评 豌豆中富含人体所需的多种营养物质，尤其是含有优质植物蛋白。虾仁含有优质动物蛋白，二者同炒可以达到蛋白质互补的效果。

冬瓜蛤蜊汤

原料：冬瓜100克，青菜、蛤蜊肉各50克，盐适量。

做法：①冬瓜洗净，去皮、瓤，切片；青菜洗净，切段。②锅内放入冬瓜片，加适量水煮沸。③倒入蛤蜊肉、青菜段，煮熟后加盐调味即可。

营养点评 冬瓜中含钠低，对妊娠水肿、妊娠期高血压综合征有辅助治疗作用，还能减少脂肪堆积，预防肥胖；蛤蜊脂肪含量不高，对想控制体重的孕妈妈来说是不错的选择。

第21周

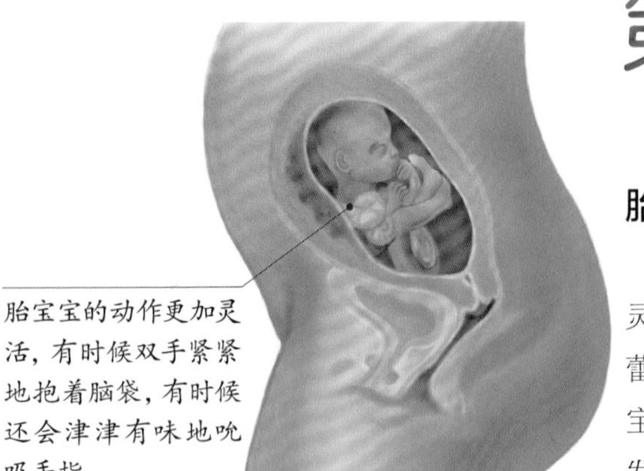

胎宝宝的动作更加灵活，有时候双手紧紧地抱着脑袋，有时候还会津津有味地吮吸手指。

胎宝宝：听觉变得很灵敏

胎宝宝的感觉器官日新月异，听觉更加灵敏，已经能分辨出妈妈的声音了。他的味蕾已也经形成，还能吮吸自己的手指。胎宝宝的消化系统也更为完善，肾脏系统也开始发挥作用。胎宝宝不再是单纯吞咽羊水了，现在的他会在羊水里吸收点水分了。

孕妈妈：上楼梯气喘吁吁

孕妈妈的子宫日益增大，肺部也开始受到压迫，孕妈妈会感觉呼吸频率加快，特别是上楼梯的时候，上不了几级就气喘吁吁。

体重管理：不可严格控制饮食

这个阶段不适合采用严格控制饮食的方式来控制体重，这会影响营养摄入，阻碍胎宝宝的健康发育。孕妈妈可以通过运动来辅助控制体重。即使体重增长超标，也不可严格控制饮食，孕妈妈可以在咨询医生后，限制食用过油或过甜的食物。

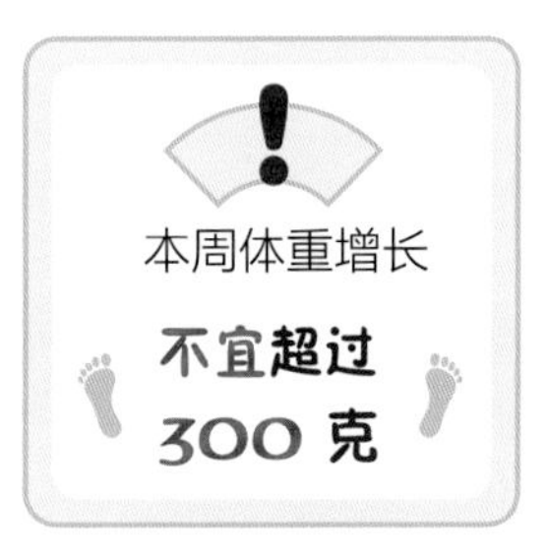

营养重点：铁、维生素 C、膳食纤维

铁	维生素 C	膳食纤维
在食用含铁食物的同时，也要多吃富含维生素 C 的水果及蔬菜，这样更有助于铁的吸收和利用。	维生素 C 不仅能增强机体的抵抗力、促进伤口愈合、促进胶原组织的合成、维持牙齿和骨骼的发育，还能促进人体对铁的吸收。	孕妈妈需要摄入足够的膳食纤维，以增强自身的免疫力，保持消化系统的健康，为胎宝宝提供充足的营养来源。孕妈妈合理摄入膳食纤维还能降低血压，预防妊娠期糖尿病，建议每日总摄入量在 20~30 克为宜。
推荐食物：猪肝、动物血、瘦肉、黑木耳。	**推荐食物**：猕猴桃、橙子、番茄、西蓝花、菜花。	**推荐食物**：玉米、燕麦、红薯、油菜。

瘦孕营养三餐

胎宝宝的感觉器官不断发育完善，对铁、锌、维生素的需求继续增加，孕妈妈应多吃一些瘦肉、鸡蛋、动物肝脏、鱼及强化铁质的谷类食物，也要多吃一些富含维生素 C 的水果和富含膳食纤维的蔬菜，保证饮食的“质量”。

西蓝花意面

原料：通心粉 400 克，西蓝花、牛肉各 200 克，柠檬半个，盐、橄榄油各适量。

做法：①西蓝花洗净，掰小朵；牛肉洗净，切碎，用盐腌制。②油锅烧热，放入牛肉碎翻炒至熟。③另起一锅，加水烧开，放入通心粉，快煮熟时放入西蓝花，全部煮好时捞出沥干。④将通心粉和西蓝花盛入碗中，撒上牛肉碎，淋上橄榄油，挤少许柠檬汁即可。

营养点评 牛肉富含铁元素，贫血的孕妈妈可以适量多吃；西蓝花含有丰富的维生素 C 和 β－胡萝卜素，不仅能调节免疫力，还能促进人体对铁元素的吸收。

黄花鱼炖茄子

原料：黄花鱼 1 条，茄子 200 克，葱段、姜丝、白糖、豆瓣酱、盐、植物油各适量。

做法：①黄花鱼处理干净；茄子洗净，切条。②油锅烧热，用葱段、姜丝炝锅，放入豆瓣酱、白糖翻炒。③加适量水，放入茄条、黄花鱼，炖熟后加盐调味即可。

营养点评 黄花鱼含丰富的蛋白质、维生素、钙、铁等营养素，有利于改善孕妈妈贫血、腿抽筋、头晕等症状。

茄汁海鲜菇

小炒

原料：番茄 1 个，海鲜菇 250 克，白糖、盐、葱、植物油各适量。

做法：①番茄洗净，切块；海鲜菇洗净，切小段；葱洗净，切成葱花。②锅中加水烧开，下入海鲜菇，焯水后捞出沥水。③另起锅，倒入适量植物油烧至七成热，下入番茄块，煸炒出大量汁水，调入白糖。④下入海鲜菇，调入盐，翻炒均匀，最后将汤汁收至黏稠，撒上葱花即可。

营养点评 海鲜菇味道鲜美，所含的植物纤维，能缓解便秘，而且它又属于低热量食材，可以防止发胖；番茄中含有丰富的维生素，有助于为胎宝宝提供生长发育所需。

松仁豌豆玉米

原料：鲜玉米粒 150 克，豌豆 50 克，胡萝卜 1 根，松仁 5 克，盐、植物油各适量。

做法：①鲜玉米粒洗净；豌豆洗净；胡萝卜洗净，切丁。②油锅烧热，放入松仁翻炒片刻，取出待冷却。③加玉米粒、豌豆、胡萝卜丁翻炒，出锅前加盐调味，撒上熟松仁即可。

营养点评 玉米、豌豆中的膳食纤维及维生素 B_1，可缓解孕期便秘；松仁富含维生素 E，能够改善孕妈妈孕期皮肤变差的情况。松仁中还含有许多矿物质，如磷、锰、钙、铁、钾等，能给孕妈妈提供丰富的营养成分，对胎宝宝的大脑和神经发育也有补益作用。

芹菜虾皮燕麦粥

原料：虾皮 20 克，芹菜、燕麦仁各 50 克，盐适量。

做法：①芹菜洗净，切丁；燕麦仁洗净，浸泡。② 锅内倒入适量水，放入燕麦仁，大火烧沸后转小火，放入虾皮。③待粥煮熟时，放入芹菜丁，略煮片刻后加盐调味即可。

营养点评 很多人吃芹菜只吃芹菜茎，其实芹菜叶的降压效果更好，而且滋味爽口。芹菜叶中所含的维生素 C 比茎多，含有的胡萝卜素也比茎高，因此，可以留下芹菜叶做汤食用。

第22周

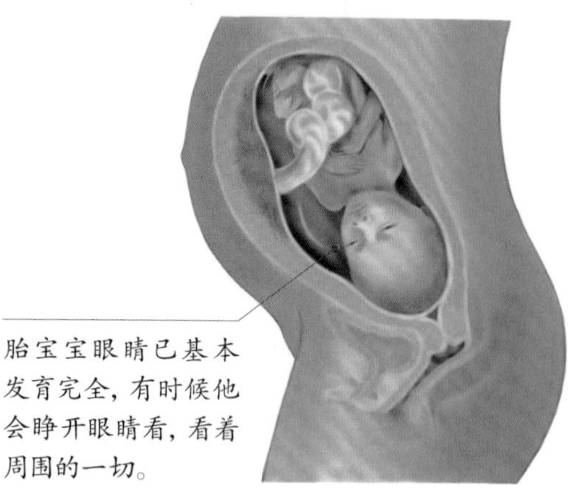

胎宝宝眼睛已基本发育完全，有时候他会睁开眼睛看，看着周围的一切。

胎宝宝：正在制造胎便

胎宝宝的皮肤上有了汗腺，但皮下脂肪还没有生成，皮肤皱巴巴的，像个小老头。胎宝宝正在制造一种黏糊糊的胎便，它会寄居在胎宝宝的肠内，在宝宝出生后24小时内就会排出来。

孕妈妈：关节部位变得松弛

孕激素的分泌会导致手指、脚趾和其他关节部位变得松弛。在洗澡时，孕妈妈可能会发现肚脐不再是凹下去的，有可能是平的，也可能已经凸出来。有些孕妈妈会感觉皮肤痒得厉害，如果还伴有恶心、黄疸等现象，可能是孕期肝内胆汁淤积症，要及时去看医生了。

体重管理：结合宫高、腹围测量

除了每天测量、记录体重外，孕妈妈还可以量一量自己的宫高和腹围，综合这三个方面衡量，能更好地判断体重是否合理增长。

本周体重增长

不宜超过350克

营养重点：维生素B_{12}、脂肪

维生素B_{12}	脂肪
维生素B_{12}是孕妈妈抗贫血所必需的营养素，而且还有助于预防胎宝宝神经损伤，促进正常的生长发育和预防神经中枢疾病。通常情况下，孕妈妈从动物性食物中摄取维生素B_{12}就可以满足孕期的需要。	脂肪是孕妈妈补充热量的重要选择，同时，脂肪酸还可促进胎宝宝大脑发育。无论是动物性脂肪还是植物性脂肪，孕妈妈此时都可以摄取，两者搭配营养更丰富。
推荐食物：牛奶、牛肉、猪肝、虾、鸡蛋。	**推荐食物：**松仁、黑芝麻、花生、核桃、瘦肉、三文鱼。

瘦孕营养三餐

胎宝宝的体重开始大幅增长，由于皮下脂肪需要生长，这时期要求孕妈妈充足的脂肪摄入量做支撑。在这周，孕妈妈应注重热量的摄入，多吃一些富含油脂的食物，还要注意饮食的营养搭配，尽可能全面地摄取所需的营养素。

小白菜锅贴

原料：小白菜1棵，猪肉末50克，面粉80克，生抽、盐、葱花、姜末、植物油各适量。

做法：①小白菜洗净，切碎，挤去水分；猪肉末加生抽、盐、植物油搅拌均匀，再加入葱花、姜末、小白菜碎，搅拌成肉馅。②擀好面皮，包入肉馅。③油锅烧热，放入锅贴，开小火，盖锅盖，锅贴底面将熟时加少量凉水，再盖锅盖，锅贴底面焦黄时起锅。

营养点评 小白菜钙含量较高，是防止胎宝宝钙缺乏的理想蔬菜。小白菜膳食纤维含量多，可增强胃肠蠕动，预防孕妈妈便秘。

鱼香肉丝

原料：猪瘦肉丝100克，竹笋200克，水发黑木耳70克，胡萝卜半根，姜末、蒜末、白糖、生抽、醋、盐、干淀粉、葱花、植物油各适量。

做法：①猪瘦肉丝加盐和干淀粉搅拌均匀；竹笋、水发黑木耳、胡萝卜洗净，切丝。②白糖、生抽、醋、盐和干淀粉加水调成鱼香汁。③油锅烧热，放入猪瘦肉丝炒至变白盛出。④锅内留底油，爆香姜末、蒜末，倒入猪瘦肉丝翻炒，放入胡萝卜丝、竹笋丝、黑木耳丝煸炒。⑤倒入鱼香汁，煮至汤汁黏稠，盛盘后撒葱花即可。

营养点评 竹笋低糖、低脂，富含膳食纤维，可避免孕妈妈囤积过多脂肪，促进胃肠蠕动，预防便秘。

百合炒荷兰豆

小炒

原料：荷兰豆 100 克，百合 1 朵，盐、植物油各适量。

做法：①荷兰豆洗净，从中间斜切为两段；百合洗净，两头切刀，散成小片。②荷兰豆入沸水焯烫 1 分钟，捞出，过凉水。③油锅烧热，倒入荷兰豆翻炒，再放入百合片，至百合变透明，加盐调味即可。

营养点评 荷兰豆可以促进胃肠蠕动，预防和改善孕妈妈便秘。这道菜中也可以加入猪肉或鸡肉同炒，以增加对铁元素的补充。

缤纷虾仁

原料：虾仁 350 克，黄瓜丁、胡萝卜丁、熟玉米粒、料酒、干淀粉、盐、植物油各适量。

做法：①虾仁去除虾线后洗净，加盐、料酒腌制 15 分钟，倒入干淀粉，抓拌均匀。②油锅烧热，放入虾仁翻炒至变色后捞出。③锅中留底油，倒入胡萝卜丁、黄瓜丁，翻炒至断生，加入熟玉米粒、盐翻炒，再加入炒好的虾仁，翻炒均匀即可。

营养点评 此菜富含钙、硒、铁等矿物质，可为胎宝宝的发育提供丰富营养。

南瓜紫菜鸡蛋汤

原料：南瓜 100 克，鸡蛋 1 个，紫菜、盐各适量。

做法：①南瓜洗净，去皮、瓤，切块；紫菜用温水泡发后洗净，捞出沥干；鸡蛋打散。②南瓜块放入锅中，加水煮熟，放入紫菜，煮 10 分钟，倒入蛋液搅散，出锅前加盐调味即可。

营养点评 孕妈妈食用南瓜，不仅能促进肠胃蠕动，预防和改善便秘，还能从南瓜中摄取丰富的 β－胡萝卜素、维生素 E 等营养元素，保护视力和皮肤，增强免疫功能。

第23周

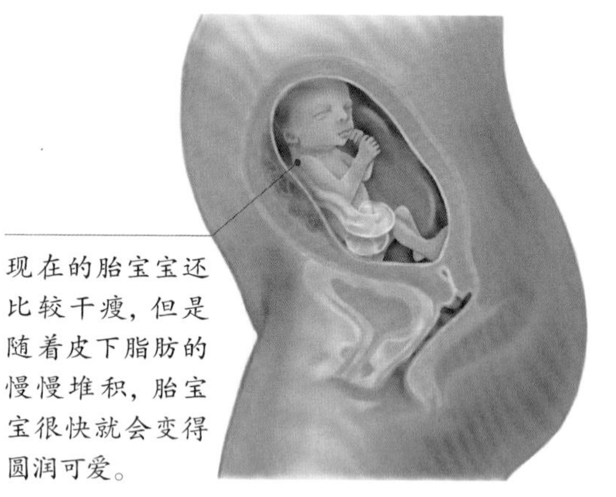

现在的胎宝宝还比较干瘦，但是随着皮下脂肪的慢慢堆积，胎宝宝很快就会变得圆润可爱。

胎宝宝：有模有样的小人儿

小家伙的骨骼和肌肉都已经长成，身材也很匀称。不过皮肤还是皱巴巴的，这是在为皮下脂肪的生长留出余地。胎宝宝的眉毛和睫毛都已经长好了，并且十分清晰。胎宝宝越来越有劲儿了，胎动也更加明显。

孕妈妈：少食多餐会感觉更舒服

在激素的作用下，孕妈妈的全身韧带变得松弛，乳房更加柔软。由于腹部的隆起，孕妈妈的胃部又开始感觉到不舒服，孕早期的胃灼热又回来了。建议少食多餐，这样孕妈妈会感觉更舒服一些。

体重管理：不能忽视体重增长过慢

体重增长过慢跟体重增长过快一样，不利于胎宝宝的健康生长，若孕妈妈出现体重不增长的情况要及时去医院检查原因，采取相应措施。

本周体重增长

不宜超过

350 克

营养重点：碳水化合物、β－胡萝卜素、蛋白质

碳水化合物	β－胡萝卜素	蛋白质
缓慢释放型的碳水化合物，即缓慢释放，缓慢吸收，能够保持身体血糖平衡，为身体提供长久能量支持。缓慢释放型的碳水化合物包括全谷类、薯类、新鲜水果及新鲜蔬菜。	β－胡萝卜素能够保护孕妈妈和胎宝宝的皮肤细胞和组织健全，特别能保障胎宝宝的视力和骨骼的正常发育。此外，由于β－胡萝卜素在人体内可以转化成维生素A，故有“维生素A原”之称。	胎宝宝的生长发育和孕妈妈的日常活动，都需要从食物中获取大量的蛋白质。尤其是对胎宝宝来说，优质的蛋白质是胎盘、胎宝宝的脑部、内脏、肌肉、皮肤发育必不可少的关键营养素。
推荐食物：糙米、玉米、土豆、香蕉、莲藕、南瓜。	**推荐食物：**胡萝卜、番茄、西蓝花、木瓜、杧果。	**推荐食物：**牛奶、鸡蛋、豆制品、牛肉、鱼、虾。

瘦孕营养三餐

胎宝宝的视觉在发育，孕妈妈应注意增加 β – 胡萝卜素的摄入。此外，孕妈妈要注意饮食搭配均衡，粗粮、细粮搭配食用，午餐和晚餐可多选用豆类或豆制品，同时，多选用牛肉、香菇、番茄等食材，但注意不要过量摄入高蛋白食物，以免引起身体不适。

番茄鸡蛋面

原料：番茄、菠菜各50克，面条100克，鸡蛋1个，盐、植物油各适量。

做法：①鸡蛋打散；菠菜洗净，入沸水焯烫后切段；番茄洗净，去皮、切块。②油锅烧热，放入番茄块煸出汤汁，加水烧沸，放入面条，煮熟。③放蛋液、菠菜段，大火再次煮开，出锅前加盐调味即可。

营养点评 菠菜含有大量的膳食纤维，具有促进肠道蠕动的作用，利于排便，适合有痔疮、便秘情况的孕妈妈食用。

自制卤牛肉

原料：牛腱肉100克，葱1根，姜1块，酱油、白糖、盐各适量。

做法：①牛腱肉洗净，切大块，放入开水中略煮一下捞出，用冷水浸泡一会儿；葱洗净，切段；姜洗净，切片。②锅洗净，放入葱段、姜片。③再放入牛腱肉块，加水、酱油、白糖、盐煮开，转小火炖至肉熟，捞出晾凉切片即可。

营养点评 牛肉中的锌比植物中的锌更容易被人体吸收，锌对胎宝宝神经系统和免疫系统的发育都有益，有助于保持皮肤、骨骼和毛发的健康。

香菇炒茭白

原料：茭白300克，鲜香菇3朵，盐、植物油各适量。

做法：①茭白洗净，切片，入沸水焯烫捞出；鲜香菇洗净，去蒂、切片。②油锅烧热，放入茭白片、香菇片翻炒均匀。③加盐调味，炒至食材全熟出锅即可。

营养点评 茭白含较多的膳食纤维、维生素和矿物质，能为人体补充多种营养物质，与香菇搭配，非常适合素食孕妈妈食用。

莴笋炒山药

原料：莴笋、山药各100克，胡萝卜半根，盐、胡椒粉、白醋、植物油适量。

做法：①莴笋、山药、胡萝卜洗净，去皮、切条，入沸水焯烫，捞出沥干。②油锅烧热，放入处理好的食材翻炒，加胡椒粉、白醋翻炒均匀，加盐调味即可。

营养点评 莴笋中含有丰富的钾元素，有利于促进排尿，适合有妊娠期高血压综合征、水肿的孕妈妈食用。

猕猴桃香蕉汁

原料：猕猴桃2个，香蕉1根，蜂蜜适量。

做法：①猕猴桃、香蕉去皮切块。②放入榨汁机，加纯净水搅打，倒出。③加适量蜂蜜调匀即可。

营养点评 孕妈妈常吃猕猴桃有助于促进消化、预防和改善便秘，并且可以防止体内有害代谢物的堆积。

第24周

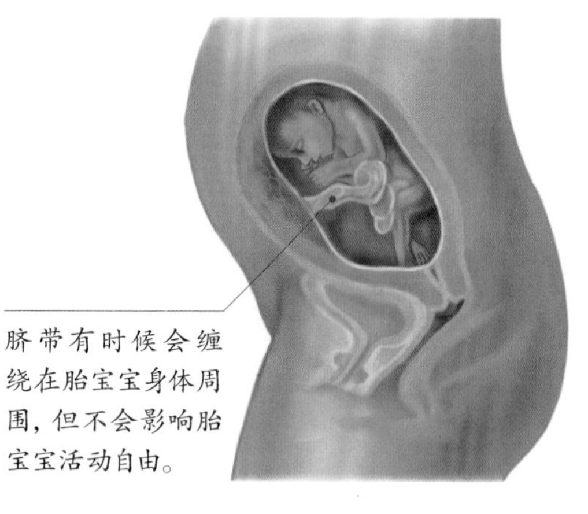

脐带有时候会缠绕在胎宝宝身体周围，但不会影响胎宝宝活动自由。

胎宝宝：很快就要长脂肪了

虽然胎宝宝看起来还有些瘦，不过很快就要长脂肪了。当色素沉淀时，胎宝宝的皮肤也不那么透明了。孕妈妈的说话声、心跳声、肠胃蠕动声以及大一些的噪声，胎宝宝都可以听到。

孕妈妈：腹部越来越沉重

随着胎宝宝的增大，孕妈妈的腹部沉重感不断增加。为了保证身体平衡，孕妈妈需要腰部肌肉持续向后用力，腰腿痛因而更加明显。有些孕妈妈会感觉到眼睛干涩、怕光，也容易感到疲惫。

体重管理：多吃高营养、低脂肪的食物

根据体重增长数值可从一定程度上了解孕妈妈的营养状况，这一时期，孕妈妈可多吃些高营养、低热量、低脂肪的食物。体重增长还与胎宝宝出生后的体重有密切的关系，孕妈妈要坚持体重测量。

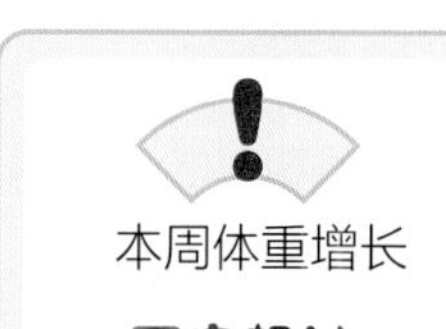

本周体重增长

不宜超过

350 克

营养重点：铁、维生素 C

铁	维生素 C
孕中期，孕妈妈的新陈代谢加快，铁需求量增加，用以供给胎宝宝血液和组织细胞日益增长的需要，并有相当数量贮存于胎宝宝肝脏内。孕妈妈自身也要储备铁，以备分娩时失血和产后哺乳的需要，所以孕期补铁尤为重要，孕妈妈要适当多吃富含铁的食物。	对于胎宝宝来说，维生素 C 可以预防发育不良。孕期推荐量为每日 115 毫克，基本上 2 个猕猴桃就能满足需求。日常饮食中常见的新鲜水果和蔬菜中都富含维生素 C。
推荐食物：猪肝、猪血、鸭血、牛肉。	**推荐食物：**猕猴桃、草莓、番茄、西蓝花、红枣。

瘦孕营养三餐

随着孕周的增加，胎宝宝的生长速度也在加快，对各种营养的需要量显著增加。孕妈妈现在的胃口也比较好，所以各类营养要有所增加，重点是铁元素和维生素 C 的摄入量要增加。主食以米面和杂粮搭配食用，副食要全面多样、荤素搭配。孕妈妈要多吃瘦肉、鱼、虾、奶制品、豆制品和新鲜的蔬菜和水果。

萝卜虾泥馄饨

原料： 馄饨皮15个，白萝卜、胡萝卜、虾仁各20克，鸡蛋1个，盐、芝麻油、葱花、姜末、植物油各适量。

做法： ①白萝卜、胡萝卜、虾仁洗净，剁碎；鸡蛋打散。②油锅烧热，放入葱花、姜末、虾仁碎煸炒，再放入蛋液，划散后盛起晾凉。③所有馅料加盐、芝麻油混合，搅拌均匀，包成馄饨，煮熟即可。

营养点评 白萝卜能含淀粉酶和粗纤维，能促进食物消化，增强食欲。

豆皮炒肉丝

原料： 豆皮100克，猪肉50克，青椒2个，姜末、蒜片、生抽、料酒、醋、白糖、盐、干淀粉、植物油各适量。

做法： ①猪肉洗净，切丝；豆皮切丝；青椒洗净，去蒂、去子，切丝。②猪肉丝放碗里，加入姜末、盐、料酒、干淀粉、水，腌制片刻。③油锅烧热，放入猪肉丝翻炒至变色。④另起油锅，放入蒜片、青椒丝和豆皮丝翻炒，加醋继续翻炒，加水焖煮。④放入炒好的猪肉丝，加生抽、白糖，翻炒均匀即可。

营养点评 豆皮不仅含有丰富的蛋白质，还含有人体必需的多种氨基酸，而且各种氨基酸的组成比例适宜，接近人体需要。

土豆烧鸡块

烧菜

原料： 鸡块 100 克，土豆 150 克，彩椒、姜片、蒜片、生抽、老抽、盐、白糖、植物油各适量。

做法： ①鸡块洗净，用生抽、盐腌制；彩椒洗净、切块；土豆洗净，去皮、切块。②油锅烧热，爆香姜片、蒜片，放入鸡块翻炒。③放入土豆块翻炒，加老抽、白糖、水煮沸后转小火慢炖，至汤汁浓稠后加盐调味。④起锅前加彩椒块翻炒即可。

营养点评 土豆烧鸡块富含碳水化合物、蛋白质、维生素 C 及多种矿物质，能很好地为孕妈妈补充能量。

地三鲜

原料： 茄子、土豆、青椒各 1 个，葱花、蒜末、生抽、料酒、白糖、盐、水淀粉、植物油各适量。

做法： ①茄子洗净，切滚刀块；青椒洗净，去蒂、去子，切菱形片；土豆洗净，去皮、切块。②混合生抽、料酒、白糖、盐和水淀粉，调成调味汁。③油锅烧热，放入土豆块和茄子块炒至金黄，捞出控干。④放入青椒块炸至变色，捞出控油。⑤锅内留底油，爆香葱花、蒜末，放入土豆块、茄子块、青椒块翻炒，淋入调味汁，翻炒至汤汁黏稠即可。

营养点评 茄子具有抗氧化功能，同时能降低血液中胆固醇含量，预防动脉硬化，调节血压，保护心脏。

番茄苹果汁

原料： 番茄 1 个，苹果半个。

做法： ①番茄洗净，入沸水焯烫，去皮，切成小块。②苹果去皮、核，切块。③将苹果块和番茄块一起放入榨汁机，榨汁即可。

营养点评 番茄苹果汁在给孕妈妈补充营养的同时，还能改善食欲、调理肠胃、增强体质。

第25周

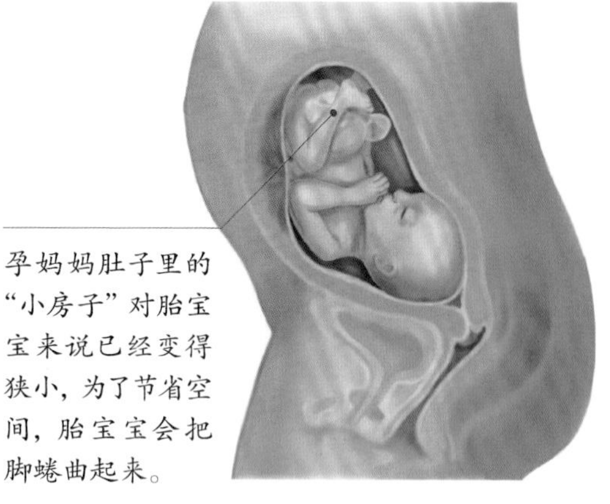

孕妈妈肚子里的“小房子”对胎宝宝来说已经变得狭小，为了节省空间，胎宝宝会把脚蜷曲起来。

胎宝宝：能够通过羊水尝到味道

小家伙看起来饱满多了，不过皮肤还是很薄而且有皱纹，全身覆盖着一层细细的绒毛。胎宝宝舌头上的味蕾正在形成，都可以通过羊水尝到食物的味道了。有时候小家伙会轻轻地抱起自己的小脚，握紧拳头了。

孕妈妈：更容易感到疲惫

不断变大的肚子对孕妈妈腰腿部位的压力增大，引起的疼痛继续加强，孕妈妈脸上和身上的斑纹也更加明显，身上的体毛也会变得更粗、更黑。不用担心，这些都会在生完宝宝后恢复正常。

体重管理：不要在睡前吃夜宵

体重增长过快的孕妈妈就不要在睡前吃夜宵了，否则热量难以消耗，容易让脂肪在体内囤积。食材多样，粗细搭配，少食多餐是控制体重的关键。

营养重点：蛋白质、卵磷脂、水

蛋白质	卵磷脂	水
孕7月，孕妈妈对蛋白质的需求量为每天70~75克。建议孕妈妈适量补充牛奶、鸡蛋、瘦肉，素食孕妈妈可以适量多吃一些豆制品，并保证适量的主食及坚果。	卵磷脂是非常重要的益智营养素，它可以提高大脑活力，增强记忆力。孕7月，孕妈妈可以适当补充卵磷脂，这有助于保障胎宝宝脑细胞的健康发育。	缺水或饮水过量都不好。孕妈妈要根据自己的劳动强度、体温及环境温度适当补水，而不要等口渴了才想起来饮水。另外，患肾功能不全等疾病的孕妈妈，应在医生指导下饮水。
推荐食物：大豆、鸡肉、鲫鱼、瘦肉、鸡蛋、牛奶。	**推荐食物**：鸡蛋、大豆、坚果、动物内脏。	**推荐食物**：白开水、矿泉水。

瘦孕营养三餐

本月，孕妈妈会面临患妊娠期高血压综合征的危险，在饮食方面需要格外小心。日常饮食以清淡为佳，不宜过多地摄入动物性脂肪，减少盐分的摄入量，忌吃咸菜、咸蛋等盐分高的食物。同时，要保证充足、均衡的营养，必须充分摄取蛋白质，多吃鱼、瘦肉、牛奶、鸡蛋、豆类等食物。少用辛辣调料，多吃新鲜蔬菜和水果，适当补充钙元素。

吐司小比萨

原料：吐司1片，小番茄3个，西蓝花1/4棵，小洋葱1/4个，马苏里拉芝士15克，比萨酱适量。

做法：①小番茄洗净，对半切开；西蓝花洗净，掰小朵；小洋葱洗净，切圈。②吐司一面均匀刷上比萨酱，撒上马苏里拉芝士，铺上小番茄、西蓝花、洋葱圈，再撒上少量马苏里拉芝士。③烤箱预热至160℃，放入吐司小比萨，烤8~10分钟至吐司表面金黄、芝士熔化即可。

营养点评 吐司小比萨食材丰富，含有蛋白质、脂肪、碳水化合物等营养素，能够补充孕妈妈所需。由于热量较高，易导致体重增长过快，超重的孕妈妈可以减少芝士的用量。

清蒸黄花鱼

原料：黄花鱼1条，料酒、姜片、葱段、盐、植物油各适量。

做法：①黄花鱼处理干净，用盐、料酒腌制10分钟，将姜片铺在鱼上，入蒸锅，大火蒸熟。②拣去姜片，倒掉多余汁水，将葱段铺在鱼上。③油锅烧热，淋在葱段上即可。

营养点评 清蒸能较大程度保留食材的营养素。黄花鱼含有丰富的蛋白质、矿物质、维生素和DHA，对人体有很好的补益作用，孕妈妈可以经常吃。

奶香娃娃菜

汤

原料：娃娃菜 1 棵，牛奶 100 毫升，高汤、干淀粉、植物油、盐各适量。

做法：①娃娃菜洗净，切小段；牛奶倒入装有干淀粉的碗中，搅拌均匀。②油锅烧热，倒入娃娃菜段，加高汤，炖至七八成熟。③倒入调好的牛奶汁，加盐，再次烧开即可。

营养点评 娃娃菜热量较低，所含的钾能将盐分排出体外，有利尿作用，对孕妈妈水肿有较好的缓解作用。

香芋烧南瓜

原料：芋头、南瓜各 200 克，椰浆 250 毫升，蒜、姜、盐、植物油各适量。

做法：①芋头、南瓜洗净，去皮，切菱形块；蒜、姜洗净，切片。②油锅烧热，爆香蒜片、姜片，倒入芋头块和南瓜块，小火翻炒。③倒入半碗水，加椰浆、盐，烧滚后转小火煮 20 分钟，至芋头和南瓜软烂即可。

营养点评 芋头中含有蛋白质、铁、维生素 C 等多种营养元素，可提高人体的抵抗力；南瓜含有丰富的钴，能促进造血功能，并参与人体内维生素 B_{12} 的合成，是人体胰岛细胞所必需的微量元素。

杧果西米露

原料：西米 100 克，杧果 3 个，白糖适量。

做法：①西米用开水泡透，入蒸锅蒸熟。②杧果洗净，去皮、切粒，放入搅拌机中，加白糖，搅拌成杧果甜浆。③将杧果甜浆倒在西米上，搅拌均匀即可。

营养点评 杧果西米露口感酸甜。其中杧果含有糖、蛋白质及钙、磷、铁等营养成分，均为人体所必需。

第26周

胎宝宝的感官系统在快速发育，能随音乐而移动，还能对触摸有反应。

胎宝宝：眼睛发育完全

这是胎宝宝的听力和视力发育的重要时期，小家伙对外界的声音越来越敏感，肚子外的声音通过子宫传到胎宝宝的小耳朵里。胎宝宝睁开眼睛，可惜子宫里除了灰色，什么都看不见。

孕妈妈：睡眠质量变差了

孕前标准体重的孕妈妈体重应该已经增加6千克了。最近一段时间，孕妈妈会发现身体越来越笨重，睡眠也开始变差了，可能还会做噩梦。孕妈妈要放宽心态，为胎宝宝的健康发育保持良好的情绪。

体重管理：即使在增长期，也不能放纵

本周胎宝宝的脂肪迅速累积，并进入体重增长期，同时孕妈妈的体重也会随之增长。但不能任其增长，孕妈妈要尽量控制体重，以利于分娩。

本周体重增长

不宜超过

350克

营养重点：B族维生素、脂肪、钙

B族维生素	脂肪	钙
B族维生素是推动体内代谢，把糖、脂肪、蛋白质等转化成热量时不可缺少的物质。 **维生素B_1来源：**小麦、燕麦、大豆、小米、羊肉、牛奶等。 **维生素B_2来源：**奶类、动物肝脏、鸡蛋、鱼、茄子等。 **维生素B_6来源：**动物肝脏、糙米、核桃、花生、鸡蛋等。 **维生素B_{12}来源：**牛奶、鸡蛋、动物肝脏、牛肉、鸡肉等。	孕妈妈的膳食中如果缺乏脂肪，可导致胎宝宝体重不增长，并影响其大脑和神经系统发育。孕中期，孕妈妈每天需摄入50~70克脂肪。 **推荐食物：**花生、松仁、黑芝麻、植物油。	本月要继续增加钙的摄入量，每天摄入1000毫克左右。钙摄入不足有可能引起小腿抽筋。饮食多样化，多吃海带、黑芝麻、豆类等含钙丰富的食物，每天喝1~2杯牛奶，均可有效地预防小腿抽筋。 **推荐食物：**牛奶、酸奶、黑芝麻、豆腐、西蓝花、鱼、虾。

瘦孕营养三餐

由于胎宝宝大脑再次快速发育，孕妈妈对 B 族维生素和脂肪的需要进一步增加。孕妈妈可适当增加摄入富含 B 族维生素和脂肪的植物油，如大豆油、花生油、菜籽油等。如果不想增加烹饪的油量，孕妈妈也可适当吃些花生仁、核桃仁、黑芝麻等油含量较高的食物。

青菜海米烫饭

原料：米饭1碗，海米20克，青菜、盐、芝麻油各适量。

做法：①海米提前浸泡2小时；青菜洗净，放入滴了芝麻油的沸水中焯熟，过凉水，沥干切碎。②锅中加入适量水煮沸，倒入米饭，小火煮至米粒破裂，放入青菜碎、海米，加盐调味，淋上芝麻油即可。

营养点评　海米富含钙质，通过浸泡又可去除大部分盐分，与大米同煮成粥食用，既可补充能量，又能很好地补钙。

板栗烧牛肉

原料：牛肉150克，板栗6颗，姜片、葱段、盐、料酒、植物油各适量。

做法：①牛肉洗净，入沸水汆熟，切块；板栗加水大火煮沸，捞出去壳。②油锅烧热，放入板栗炸2分钟，捞出控油；放入牛肉块炸2分钟，捞出控油。③锅中留底油，放入葱段、姜片翻炒出香，倒入牛肉块、盐、料酒、水，煮至沸腾，撇去浮沫。④转小火，牛肉炖至将熟时，放入板栗，烧至牛肉熟烂、板栗变酥时收汁即可。

营养点评　板栗碳水化合物含量较高，能供给人体较多的热能，并能帮助脂肪代谢，而且含有蛋白质，孕妈妈平时可吃一些板栗，有利于胎宝宝的发育。但因其含糖高，孕期并发糖尿病的孕妈妈不可过多食用。

时蔬鱼丸

原料：洋葱、胡萝卜、鱼丸、西蓝花各30克，盐、白糖、酱油、植物油各适量。

做法：①洋葱、胡萝卜洗净，去皮、切丁；西蓝花洗净，切块。②油锅烧热，倒入洋葱丁、胡萝卜丁，翻炒至熟，加水烧沸，放入鱼丸、西蓝花块，熟后加盐、白糖、酱油调味。

营养点评 鱼丸低脂肪、低热量、高蛋白，还富含维生素A、铁、钙、磷等营养素，味道鲜美，多吃不腻。为控制孕期体重增长，孕妈妈应尽量选择水煮的鱼丸。

糖醋圆白菜

原料：圆白菜200克，姜末、白糖、醋、盐、植物油各适量。

做法：①圆白菜洗净，切片。②油锅烧热，爆香姜末，倒入圆白菜片炒至半熟。③加白糖、醋调味，炒至食材全熟，加盐调味即可。

营养点评 圆白菜中含有非常丰富的维生素C，可以增加抵抗力和免疫力，孕妈妈常吃圆白菜可以增强体质。圆白菜中还含有较多的膳食纤维，有利于肠道的健康。

莲子银耳羹

原料：鲜银耳半朵，莲子、红枣各10克，枸杞子、冰糖各适量。

做法：①鲜银耳洗净，用冷水浸泡10分钟，撕小朵；莲子洗净，用冷水浸泡1小时；红枣、枸杞子洗净。②锅中放入除枸杞子外所有食材。③加适量水大火烧开，转小火炖煮30分钟，煮至汤汁黏稠，放入枸杞子，搅拌均匀即可。

营养点评 莲子富含蛋白质和多种维生素，另外钙的含量也比较高；而银耳富含硒和多糖成分，常吃有助于提高孕妈妈的免疫力。

第27周

胎宝宝能察觉光线的变化，出生后就能分辨明和暗。

胎宝宝：能察觉光线变化

如果怀的是女宝宝，她的小阴唇已经开始发育；如果是男宝宝，他的睾丸现在还没有降下来。胎宝宝能察觉光线变化，所以出生后对黑白的图像更感兴趣。虽然气管和肺部尚未发育完全，但是呼吸动作仍在继续。

孕妈妈：受到便秘困扰

孕妈妈的后背压力越来越大，后背和腿部偶尔会有疼痛，连走路都觉得非常累，半夜或清晨腿部抽筋也会越来越严重。因为子宫胀大压迫肠道，便秘困扰随之而来，可能会影响孕妈妈的心情。

体重管理：适量多吃一些豆类

孕妈妈可以适当多吃一点豆类，如大豆、红豆、绿豆、黑豆等，豆类富含植物蛋白，还容易有饱腹感，可以帮助孕妈妈控制体重，也可以用破壁机打磨成汁，口感更细腻顺滑，但豆类食品吃多易腹胀，孕妈妈要注意控制量。

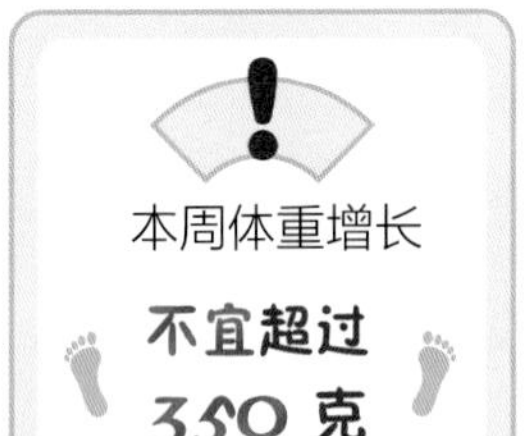

营养重点：维生素 B_2、镁、碳水化合物

维生素 B_2	镁	碳水化合物
孕中期，孕妈妈每天维生素 B_2 的摄入量是 1.4 毫克，孕期正常饮食都能满足，孕妈妈可以适当吃动物肝脏、牛奶、奶酪、鸡蛋等富含维生素 B_2 的食物。	镁对胎宝宝的肌肉和骨骼发育至关重要，而且有助于钙的吸收，预防和改善孕妈妈小腿抽筋。孕妈妈每天的摄入量约为 370 毫克，每周吃 2 或 3 次花生，每次 5~8 粒，就能满足镁的需求量。	孕妈妈应保证每天至少摄入 130 克的碳水化合物，维持正常的血糖水平，才不会影响胎宝宝的代谢。如果孕妈妈体重增加过快，就要适当控制碳水化合物的量，特别是精制碳水，如蛋糕、白面包等。
推荐食物：动物肝脏、紫菜、奶酪、鸡蛋、牛肉。	**推荐食物：**海带、南瓜、坚果、绿叶蔬菜、全麦食物。	**推荐食物：**大米、面条、玉米、豌豆、红薯。

瘦孕营养三餐

这一时期是妊娠期高血压综合征、妊娠期糖尿病的高发期，孕妈妈要在保证营养和能量供给的基础上，合理控制脂肪、碳水化合物等的摄入量。饮食上尽可能荤素搭配，多摄入促进肠胃蠕动，预防便秘的食物，避免因偏食而导致某些营养素缺乏。

什锦麦片

原料： 即食燕麦片100克，核桃仁50克，杏仁、葡萄干、榛子仁各20克，白糖、植物油各适量。

做法： ①榛子仁、杏仁、核桃仁剁碎，放入锅中干炒，翻炒出香，盛出备用。②油锅烧热，翻炒即食燕麦片至变色，加白糖继续翻炒至褐色，放入坚果碎和葡萄干，翻炒均匀，盛出放凉密封。③随吃随取，用热牛奶冲泡即可。

营养点评 热牛奶泡麦片可以帮助孕妈妈补充足够碳水化合物、钙和蛋白质，使孕妈妈保持较充沛的精力。

西蓝花拌黑木耳

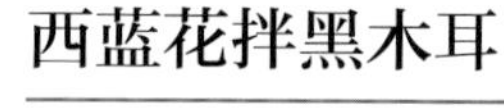

原料： 西蓝花200克，水发黑木耳、胡萝卜各20克，蒜末、生抽、醋、白糖、盐、芝麻油、植物油各适量。

做法： ①黑木耳洗净，撕小朵；西蓝花洗净，掰小朵，用盐水浸泡，捞出沥干；胡萝卜洗净，去皮、切丝；混合生抽、醋、白糖、芝麻油、蒜末，调成料汁。②锅中倒入水，加植物油、盐烧开，放入所有食材焯烫，捞出沥干，淋上料汁，搅拌均匀即可。

营养点评 黑木耳不仅含有铁元素，而且热量较低，适合孕期贫血的妈妈食用；西蓝花富含β-胡萝卜素和钙，可以促进胎宝宝视力发育。

洋葱炒牛肉

小炒

原料：牛肉 100 克，洋葱 100 克，鸡蛋清、生抽、盐、白糖、水淀粉、植物油各适量。

做法：①牛肉洗净，切丝；洋葱去皮，洗净，切丝。②牛肉丝中加鸡蛋清、盐、白糖、水淀粉，搅拌均匀。③油锅烧热，放入牛肉丝、洋葱丝翻炒至熟，加盐、生抽调味即可。

营养点评 洋葱中的营养丰富，有很强的杀菌能力，其特殊的气味，可刺激食欲，帮助消化；牛肉富含血红素铁，有健脾开胃的功效，可改善孕妈妈贫血症状。

水芹炒百叶

原料：水芹 150 克，百叶（薄豆腐皮、薄千张）30 克，盐、植物油各适量。

做法：①百叶洗净，切条；水芹择洗干净，切段。②百叶条入沸水焯烫，捞出沥干。③油锅烧热，放入水芹段，大火煸炒 2 分钟，再倒入百叶条翻炒，加盐翻炒均匀即可。

营养点评 水芹所含的膳食纤维能促进肠胃蠕动，有助于改善便秘的情况；百叶含有丰富的植物蛋白，能够为孕妈妈补充体力。

海参豆腐汤

原料：干海参 1 只，猪肉末 50 克，豆腐半块，胡萝卜片、葱段、生抽、姜片、盐、料酒各适量。

做法：①干海参处理干净，用水泡发，放入加了料酒和姜片的沸水中烫熟，切段；猪肉末加盐、生抽、料酒，做成丸子；豆腐切块。②锅中倒入水，放入海参段、葱段、姜片、盐、料酒煮沸，倒入丸子和豆腐块，煮至入味，最后加胡萝卜片稍煮即可。

营养点评 海参是高蛋白、低脂、低糖、低胆固醇的天然滋补食材，可以为孕妈妈和胎宝宝提供优质蛋白。但海参不宜多吃、常吃，孕妈妈每周食用 1 次即可。

第28周

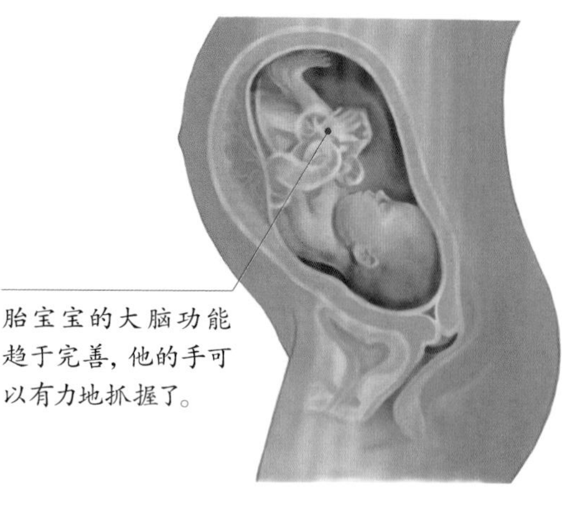

胎宝宝的大脑功能趋于完善，他的手可以有力地抓握了。

胎宝宝：在子宫里做梦

本周，胎宝宝几乎占满了整个子宫。小家伙脑神经细胞树突的分支活跃度增加，大脑皮层出现特有的沟回，并形成了自己的睡眠周期，而且还会做梦呢。

孕妈妈：开始每两周做1次产检

孕妈妈的子宫已经到了肚脐上方，向上挤压内脏会让孕妈妈感觉呼吸有些困难。喘不过气，睡觉的时候最好左侧卧睡。从现在开始，孕妈妈要每两周去做1次产前检查。

体重管理：食用低糖的蔬菜

体重如果超过标准，孕妈妈可用糖分含量少的蔬菜，如黄瓜、番茄等代替含糖量高的水果，如葡萄、哈密瓜等，来满足身体对维生素的需求。

本周体重增长

不宜超过

350克

营养重点：铁、α－亚麻酸、蛋白质

铁	α－亚麻酸	蛋白质
孕妈妈自身也要储备铁，除了预防因缺铁而导致的头晕乏力、心慌气短等状况外，还可以为分娩时失血和产后哺乳的需要提前做好准备。	α－亚麻酸对孕妈妈有个重要的作用是：控制基因表达，优化遗传基因，转运细胞物质原料，控制养分进入细胞，影响胎宝宝脑细胞的生长发育，降低神经管畸形和各种出生缺陷的发生率。	缺乏蛋白质会造成胎宝宝生长发育迟缓，出生时体重过轻，甚至影响智力发育。建议孕妈妈在孕期多摄入优质蛋白，在食用牛奶、鸡蛋等这类高蛋白的食物的同时，也要适当吃些蔬菜、粗粮，以达到营养均衡。
推荐食物：动物肝脏、瘦肉、红枣、黑芝麻。	**推荐食物**：鲑鱼、海虾、核桃。	**推荐食物**：牛奶、酸奶、豆腐、带鱼、牛肉。

瘦孕营养三餐

要预防妊娠期贫血，孕妈妈在饮食上除了多吃一些含铁的食物外，还应注意多吃一些含维生素 C 较多的果蔬。如果孕妈妈已经检查出贫血，应在医生的指导下服用补铁剂，而不是单靠食补。

土豆饼

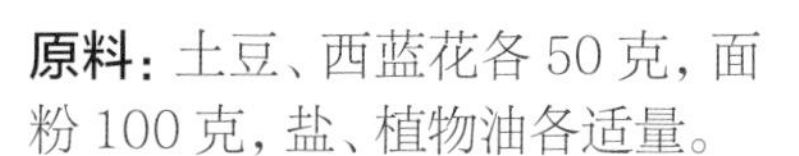

原料：土豆、西蓝花各50克，面粉100克，盐、植物油各适量。

做法：①土豆洗净，去皮、切丝；西蓝花洗净，入沸水焯烫，切碎；土豆丝、西蓝花碎、面粉、盐、水放在一起搅拌均匀。②油锅烧热，倒入搅拌好的土豆饼糊，小火煎至两面金黄，盛出切块装盘即可。

营养点评 土豆中含钾，有助将钠排出体外，改善体内钾、钠平衡，从而调节血压，非常适合患有妊娠期高血压综合征、水肿的孕妈妈食用。

爆炒鸡肉

原料：鸡肉100克，胡萝卜、土豆、鲜香菇各30克，盐、生抽、干淀粉、植物油各适量。

做法：①胡萝卜、土豆洗净，去皮、切块；鲜香菇洗净，切片；鸡肉洗净，切丁，用生抽、干淀粉腌制10分钟。②油锅烧热，放入鸡丁翻炒，再放入胡萝卜块、土豆块、香菇片，加适量水，煮至土豆熟而不烂，加盐调味即可。

营养点评 鸡肉中蛋白质、维生素、矿物质含量丰富，为孕妈妈补充多种营养素的同时，有助于胎宝宝发育。

绿豆南瓜粥

粥

原料：大米 50 克，绿豆 20 克，南瓜 100 克。

做法：①南瓜洗净切块；大米、绿豆淘洗干净。②大米、绿豆放入锅中，加适量水，大火煮沸后，转小火煮至七成熟，放入南瓜块，待南瓜熟透即可。

营养点评 南瓜含有膳食纤维，促进肠胃蠕动，而绿豆清热解暑。此粥热量低，适合孕妈妈夏天食用。

三鲜炒春笋

原料：春笋 100 克，鲜香菇、鱿鱼、虾仁各 50 克，葱花、蒜蓉、盐、水淀粉、植物油各适量。

做法：①鲜香菇洗净，去蒂、切丁；春笋洗净，切片，入沸水焯烫，捞出沥干；鱿鱼洗净，去筋膜、切片；虾仁去除虾线，洗净。②油锅烧热，爆香葱花、蒜蓉，放入所有食材，翻炒片刻，加盐调味，用水淀粉勾芡，翻炒均匀即可。

营养点评 鱿鱼和虾仁富含蛋白质、钙、磷等微量元素，能增强孕妈妈的身体免疫力；春笋、香菇富含膳食纤维，可预防和改善孕期便秘。

三丁豆腐羹

原料：豆腐 100 克，猪瘦肉 50 克，番茄 1 个，豌豆、盐、芝麻油各适量。

做法：①豆腐切块；猪瘦肉洗净，切丁；番茄洗净，去皮切丁；豌豆洗净。②豆腐块、猪瘦肉丁、番茄丁、豌豆放入锅中，加水大火煮沸后，转小火煮 20 分钟。③出锅时加盐、芝麻油即可。

营养点评 豆腐营养全面，富含蛋白质和矿物质，含钙量高而含碳水化合物量低；番茄中的苹果酸和柠檬酸能促进胃液对蛋白质的消化和吸收。

第 29 周

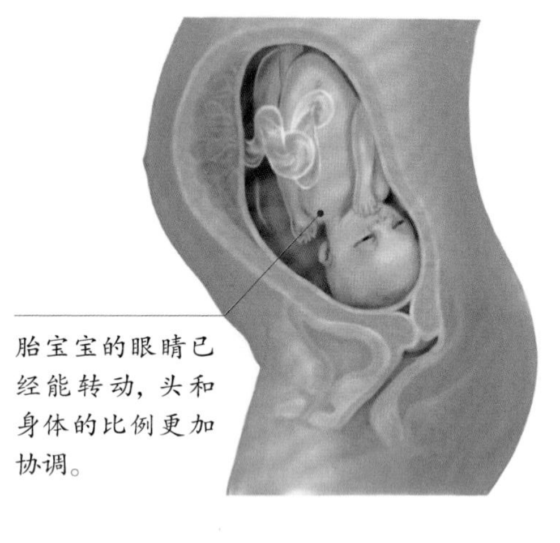

胎宝宝的眼睛已经能转动，头和身体的比例更加协调。

胎宝宝：浑圆的小人儿，成长得很快

胎宝宝的大脑和内脏器官继续发育，因为大脑的沟回增多，神经细胞之间的联系使得大脑的作用加强了，还能控制呼吸和体温。胎宝宝现在还在努力地练习做“一呼一吸”类似呼吸的运动。

孕妈妈：避免长时间站立

孕妈妈身体负担日益增加，要注意休息，尽量避免长时间站立或者走太远的路。生活节奏宜放缓，工作量、活动量都应适当减少。

体重管理：适量运动提高新陈代谢

孕期增加的体重一部分是胎宝宝、胎盘和羊水的重量；另一部分是孕妈妈自身，包括乳房、血容量及皮下脂肪增加的重量。适量运动能提高新陈代谢功能，有助于控制体重增长。

本周体重增长

不宜超过 400 克

营养重点：碳水化合物、蛋白质、维生素 C

碳水化合物	蛋白质	维生素 C
胎宝宝开始在肝脏和皮下储存糖原及脂肪，此时孕妈妈要及时补充足够的碳水化合物。如果碳水化合物摄入不足，就容易造成蛋白质和脂肪过量消耗。结合孕妈妈的体重，碳水化合物每日摄入量要控制在 250 克以下。但此时孕妈妈的血糖容易升高，所以应粗细搭配。	孕晚期是胎宝宝大脑快速发育的时期，孕妈妈对蛋白质的摄入要增加到每天 85~90 克，建议将动物性蛋白质与植物性蛋白质搭配摄取，并多摄入优质蛋白。	水果和蔬菜中富含的维生素 C 可减少皮肤黑色素的沉积，有助于孕妈妈祛除妊娠斑和妊娠纹，增强身体抵抗力，而且有助于铁的吸收。
推荐食物：大米、糯米、面食、红薯、燕麦。	**推荐食物**：鸡蛋、鸡肉、牛肉、牛奶、豆制品。	**推荐食物**：菠菜、豆角、甜椒、橙子、猕猴桃、西蓝花、冬枣。

瘦孕营养三餐

孕晚期是胎宝宝在肝脏和皮下储存糖原和脂肪的关键时期，所以，碳水化合物和脂肪的摄入是孕妈妈饮食的重点，但也不能过量。如果体重增加过多，孕妈妈要根据医生的建议适当控制饮食，少吃淀粉或脂肪含量高的食物，多吃蛋白质、维生素含量高的食物，以免胎宝宝过大，造成分娩困难。

番茄面疙瘩

原料：番茄 2 个，鸡蛋 1 个，面粉 120 克，盐、植物油各适量。

做法：①面粉加水搅拌成面糊；鸡蛋打散；番茄洗净，切块。②油锅烧热，放入番茄块翻炒至出汤。③加水煮沸，边搅拌边倒入面糊，再次煮沸，倒入打散的鸡蛋，加盐调味即可。

营养点评 番茄含有大量的钾及碱性矿物质，能促进血液中钠盐的排出，有利尿的效果，很适合水肿的孕妈妈食用。

黑椒鸡腿

原料：去骨鸡腿 1 个，香菇片、洋葱丁、青椒丁、葱花、姜片、蒜片、黑胡椒粉、生抽各适量。

做法：①去骨鸡腿洗净，用葱花、姜片、蒜片、生抽腌制。②用厨房纸吸干去骨鸡腿表面水分，鸡皮向下放入无油热锅，小火煎至金黄色，翻面煎至变色，加黑胡椒粉，翻炒出香。③加水，大火烧开，中火炖煮，放入香菇片、洋葱丁、青椒丁，收汁关火，鸡腿盛出切条即可。

营养点评 鸡腿肉富含蛋白质，而且消化率高，很容易被人体吸收利用，担心肥胖的孕妈妈只要把鸡腿的皮剥掉再食用，就可减少热量的摄取。

爆炒鱿鱼

小炒

原料：鱿鱼 1 条，彩椒 1 个，蒜瓣 5 个，干辣椒、生抽、蚝油、葱、盐、植物油各适量。

做法：①葱、干辣椒洗净，切段；蒜瓣去皮，洗净，切片；彩椒洗净，去子、切条；鱿鱼去内脏，撕黑膜。②鱿鱼切刀花后切成长条，入沸水氽烫至变白卷起，捞出沥干。③油锅烧热，爆香葱段、蒜片、干辣椒段，放入彩椒条、生抽、蚝油、鱿鱼片，大火翻炒至变色，加盐调味即可。

营养点评 鱿鱼中的蛋白质很丰富，有利于胎宝宝的发育，也有利于提高乳汁质量，为孕妈妈将来的母乳喂养做储备。

凉拌豆腐干

原料：豆腐干 50 克，葱花、香菜、盐、芝麻油各适量。

做法：①豆腐干洗净，切条；香菜洗净，切段。②混合豆腐干条、葱花、香菜段，加盐、芝麻油，搅拌均匀即可。

营养点评 豆腐干含有大量蛋白质、脂肪、碳水化合物，还含有钙、磷、铁等多种孕妈妈在孕期所需的矿物质。

芹菜竹笋肉丝汤

原料：芹菜 100 克，竹笋、猪肉丝、盐、干淀粉、高汤、料酒各适量。

做法：①芹菜择洗干净，切段；竹笋洗净，切丝；猪肉丝用盐、干淀粉腌制 5 分钟。②高汤倒入锅中煮开，放入芹菜段、竹笋丝，加水煮至芹菜变软，再放入猪肉丝。③待汤煮沸倒入料酒，肉熟透后加盐调味即可。

营养点评 芹菜含芹菜素、甘露醇及膳食纤维，适合患有妊娠期高血压综合征的孕妈妈食用。

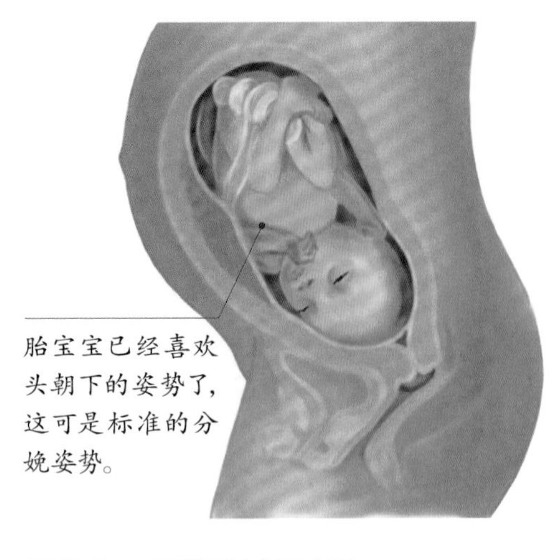

胎宝宝已经喜欢头朝下的姿势了，这可是标准的分娩姿势。

第30周

胎宝宝：眼睛开闭自如

胎宝宝的肌肉和肺部发育日益完善，头发越来越密，骨骼也变硬了，皮下脂肪不断被“充实”。由于子宫里的羊水逐渐减少，他再也不能在“小房子”里自在地游来游去了。现在，胎宝宝睁开眼睛、闭上眼睛，非常自如。

孕妈妈：要保护好肚子

这段时间，孕妈妈还会有些心慌气短的症状，坐下和站起也变得不那么容易。孕妈妈在日常生活中动作要慢，保护好肚子不要受到外部的刺激。

体重管理：注意不要偏食

孕妈妈要对自己喜爱的食物加以控制，如偏爱某种食物，可以减少食用的次数及每次食用的分量。尤其是孕晚期，偏食还可能影响胎宝宝成长，一定要及时纠正。

营养重点：α－亚麻酸、膳食纤维

α－亚麻酸	膳食纤维
世界卫生组织建议，孕产期每日补充1000毫克 α－亚麻酸为宜。如果怀孕期间错过补充的最佳时机，或者补得不够，都极有可能造成胎宝宝发育不良、体形小于正常胎宝宝、视力不好、抵抗力差等后果。亚麻籽油是从亚麻的种子中提取的油类，其中富含超过50%的 α－亚麻酸。孕妈妈用亚麻籽油炒菜或者每天吃几个核桃，都可以补充 α－亚麻酸。	孕妈妈每天摄入膳食纤维有助于保持消化系统的健康，为胎宝宝提供充足的营养素。建议孕妈妈每天摄入量在20~30克为宜。膳食纤维在蔬菜、水果、五谷杂粮、豆类及菌藻类食物中含量丰富。
推荐食物： 亚麻籽油、核桃仁、松仁、葵花子。	**推荐食物：** 芹菜、白菜、胡萝卜、糙米、小麦、苹果。

瘦孕营养三餐

这段时间，胎宝宝的生长速度达到最高峰。孕妈妈除了延续之前的营养补充方案外，本周还要补充 α – 亚麻酸、脂肪酸，来帮助胎宝宝的大脑、视网膜发育。由于孕妈妈的子宫已经占据了大半个腹部，而胃部被挤压，食量也受到了影响，此时要继续实行一日多餐，均衡摄取各种营养素。

牛肉蒸饺

原料：牛肉馅100克，饺子皮75克，盐、酱油、芝麻油各适量。

做法：①牛肉馅中加盐、酱油、芝麻油，搅拌均匀。②将牛肉馅包入饺子皮，做成饺子。③饺子上笼蒸熟即可。

营养点评 牛肉高蛋白、低脂肪，用它做馅时，可以添加胡萝卜，因为动物油脂会提高胡萝卜素的吸收率。牛肉中富含锌，跟胡萝卜搭配，还能更好地提高孕妈妈的免疫力。

白灼芥蓝

原料：芥蓝150克，枸杞子、蒜泥、姜丝、生抽、白糖、盐、植物油各适量。

做法：①芥蓝洗净；生抽、白糖、盐、姜丝加水混合成料汁。②芥蓝入沸水焯烫，捞出过凉水沥干，放入盘中，料汁烧开淋在芥蓝上。③将蒜泥、枸杞子放在芥蓝上，植物油烧热，淋在蒜泥上即可。

营养点评 芥蓝中含有机碱，能刺激孕妈妈的味觉神经，增进食欲，还可加快胃肠蠕动，有助于消化。

黄花鱼烧豆腐

原料：黄花鱼 1 条，鲜香菇 4 朵，笋片 20 克，豆腐 100 克，高汤、料酒、盐、白糖、芝麻油、水淀粉、植物油各适量。

做法：①黄花鱼处理干净，切成两段。②豆腐切块；鲜香菇洗净，切片。③油锅烧热，放入黄花鱼，煎至两面金黄，加料酒、白糖、笋片、香菇片、高汤烧沸，放入豆腐块，转小火，烧至熟透，用水淀粉勾芡，加盐、芝麻油即可。

营养点评 豆腐、黄花鱼含钙，可以满足人体对钙的需求。豆腐中蛋氨酸含量较少，而黄花鱼氨基酸含量非常丰富，孕妈妈常吃这道菜，在补充蛋白质的同时，也可以预防缺钙引起的腿抽筋。

蚝油茭白

原料：茭白 2 根，蚝油、豆瓣酱、葱花、蒜末、白糖、植物油各适量。

做法：①茭白洗净，去皮、切块，入沸水焯烫，捞出沥干。②油锅烧热，爆香蒜末，放入豆瓣酱，翻炒均匀。③放入茭白块，翻炒至略干，加蚝油、白糖、水，翻炒均匀。④焖 2 分钟，直至汤汁收干，撒上葱花即可。

营养点评 茭白食用后易有饱腹感，适合偏胖的孕妈妈食用，还能辅助缓解孕妈妈水肿的情况。

芦笋鸡丝汤

原料：芦笋 100 克，鸡肉 50 克，金针菇 20 克，鸡蛋清、高汤、干淀粉、盐、芝麻油各适量。

做法：①鸡肉洗净，切丝，用鸡蛋清、盐、干淀粉腌制 20 分钟。②芦笋洗净、沥干，切段；金针菇洗净、沥干。③锅中放入高汤，放入所有食材同煮，沸后加盐、芝麻油即可。

营养点评 芦笋叶酸含量较多，孕妈妈经常食用有助于胎宝宝大脑的发育。芦笋低糖、低脂肪、高膳食纤维，营养全面，适合孕妈妈食用。

第31周

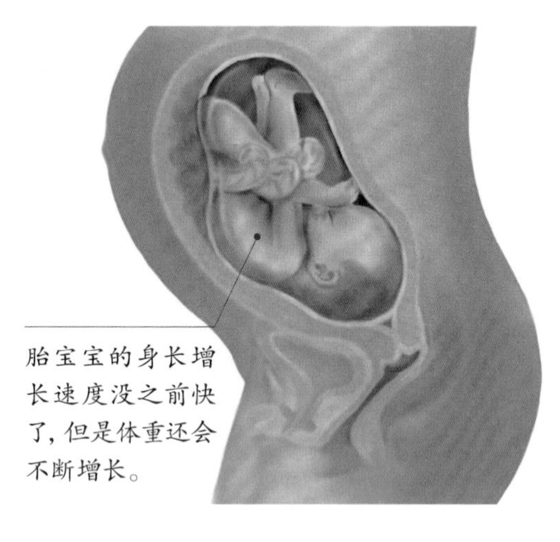

胎宝宝的身长增长速度没之前快了，但是体重还会不断增长。

胎宝宝：大脑快速发育

胎宝宝眼睛的变化非常明显，活动时睁开，休息时闭上，感觉到红光时，瞳孔能放大，甚至能跟踪光源。胎宝宝的大脑正处在发育的冲刺阶段，开始复杂化，具备初步的记忆和学习能力了。

孕妈妈：呼吸变得困难

本周子宫底已经上升到横膈膜处，孕妈妈会感到呼吸有些费力，吃完饭之后还会感觉到胃里不舒服。虽然存在许多不适，但是别着急，大概到孕 34 周时这些不适的症状会大大缓解。

体重管理：多吃高膳食纤维食物

富含膳食纤维的食物容易使孕妈妈产生饱腹感，体重增长过快的孕妈妈，现在每天饮食中要适量多吃高膳食纤维食物，如青菜、芹菜、娃娃菜、燕麦片等。

营养重点：钙、蛋白质、脂肪

钙	蛋白质	脂肪
到了孕晚期，孕妈妈每天对钙的需求量增加到 1000 毫克。无论是通过食物补充，还是通过补充剂补充，都要保证足够的摄入量，但也不宜过量。	鱼肉含有优质蛋白质，其脂肪含量却很低；鱼还含有各种维生素、矿物质和鱼油，有利于胎宝宝大脑发育和骨骼发育，是孕晚期很好的蛋白质来源。	植物油是人们获取不饱和脂肪酸最普遍的来源，对孕妈妈来说也是如此。除了植物油之外，动物油中的鱼油也含有不饱和脂肪酸。孕妈妈可以常吃鱼类，以获得丰富的不饱和脂肪酸。
推荐食物：牛奶、豆制品、虾、鸡蛋、鱼。	**推荐食物：**鱼、鸡蛋、牛奶、鸡肉、豆制品。	**推荐食物：**植物油、坚果、海鱼。

瘦孕营养三餐

胎宝宝这周身高增长速度减慢而体重迅速增长，表明胎宝宝需要更多的蛋白质和钙，孕妈妈可适当增加肉食类及大豆类食物的摄入。另外，早餐、晚餐、加餐可以多吃一些粥、汤及面条，既易消化，又能提供充足的能量。

芝麻酱拌面

原料：面条 100 克，黄瓜 1 根，芝麻酱、芝麻油、白芝麻、花生仁、植物油各适量。

做法：①黄瓜洗净，切丝；混合芝麻酱和芝麻油，调成酱汁。②油锅烧热，放入白芝麻、花生仁小火翻炒出香，盛出碾碎备用。③面条放入沸水中，煮熟后过凉水沥干，盛盘。④将酱汁淋在面上，撒上黄瓜丝、花生芝麻碎即可。

营养点评 芝麻酱中含有丰富的钙，日常可以当调味料食用，爽口开胃，有助于孕妈妈钙的摄入。

芹菜牛肉丝

原料：牛肉 50 克，芹菜 150 克，水淀粉、白糖、盐、姜末、葱花、植物油各适量。

做法：①牛肉洗净，切丝，加盐、水淀粉腌制 1 小时；芹菜择洗干净，切段。②油锅烧热，下入姜末、葱花煸香，放入腌制好的牛肉丝和芹菜段翻炒。③出锅时加适量白糖调味即可。

营养点评 芹菜富含膳食纤维，对降高血压、减轻水肿等都十分有益；牛肉高蛋白、低脂肪，富含铁、锌，可补充体力，为分娩储存足够的铁，预防贫血。

菠萝鸡翅

烧菜

原料：鸡翅中5个，菠萝半个，白糖、盐、料酒、高汤、植物油各适量。

做法：①鸡翅中洗净、沥干；菠萝取果肉切块。②油锅烧热，放入鸡翅中，煎至两面金黄后取出。③锅内留底油，加白糖，炒至熔化并呈金红色，再倒入鸡翅中，加盐、料酒、高汤，大火煮开。④放入菠萝块，转小火烧至汤汁浓稠即可。

营养点评 菠萝含有菠萝蛋白酶，能有效地分解蛋白质，帮助消化。消化不良的孕妈妈可以将菠萝与肉类搭配做菜，或将菠萝榨汁后饮用。

豌豆玉米丁

原料：豌豆50克，胡萝卜50克，玉米粒50克，水发黑木耳、盐、水淀粉、植物油各适量。

做法：①豌豆、玉米粒洗净；胡萝卜洗净，去皮、切丁；水发黑木耳切末。②油锅烧热，加玉米粒、豌豆、胡萝卜丁、黑木耳末翻炒。③加盐调味，炒至食材全熟时用水淀粉勾芡即可。

营养点评 豌豆和玉米均含膳食纤维，能促进肠胃蠕动，具有保持孕妈妈大便通畅，预防便秘的作用。

西蓝花鹌鹑蛋汤

原料：西蓝花100克，鹌鹑蛋4个，番茄1个，鲜香菇5朵，盐适量。

做法：①西蓝花洗净，切小朵。②鹌鹑蛋煮熟，去壳；鲜香菇洗净，切十字刀；番茄洗净，切块。③鲜香菇、鹌鹑蛋、西蓝花、番茄块加水，同煮至熟，加盐调味。

营养点评 鹌鹑蛋中含有丰富的卵磷脂，有利于胎宝宝的神经发育；其铁含量也较高，对孕妈妈缺铁性贫血有一定改善作用。

第32周

胎宝宝的皮肤颜色变深，身体显得更胖乎乎的，脸部仍布有皱纹。

胎宝宝：小不点，真的有点沉

胎宝宝的身体和四肢继续生长，体重不断增长。他的各个器官持续发育、逐步完善，已经具备呼吸能力，肺和肠胃功能接近成熟，能自己分泌消化液了，五种感觉器官也发育好了。

孕妈妈：下腹坠胀感明显

增大的子宫会压迫神经，激素的分泌使韧带更加松弛，孕妈妈会感觉疼痛和疲倦，每天都不想动。但为了顺利分娩，孕妈妈还是应该坚持每天散步。孕晚期，孕妈妈还会明显感觉下腹坠胀。

体重管理：饮食多样化

此时胎宝宝的体重增长相当迅速，孕妈妈的胃口也特别好，容易感觉饥饿。饮食的种类还是要多样，但是要控制食用量，以免体重增长过快给孕妈妈的身体带来负担。

本周体重增长

不宜超过

400 克

营养重点：铁、维生素 C、蛋白质

铁	维生素 C	蛋白质
与孕中期相比，现在孕妈妈可适当增加铁的摄入量，每日以 29 毫克为佳。但不要过量补充，过量补充铁元素同样会对孕妈妈和胎宝宝造成不利影响。	维生素 C 主要来源于新鲜蔬菜和水果。在治疗孕期缺铁性贫血时，如果同时补充维生素 C，可以促进铁的吸收，达到事半功倍的效果。	如果孕妈妈体重增长过快，就应该减少脂肪和碳水化合物的摄入，转而适当增加蛋白质的摄入量。
推荐食物：动物肝脏、动物血、瘦肉、黑木耳、菠菜、香菇。	**推荐食物：**番茄、西蓝花、猕猴桃、草莓、橙子。	**推荐食物：**豆制品、牛肉、鸡蛋、瘦肉。

瘦孕营养三餐

蛋白质的补充依旧不能忽视，而继续补铁是孕妈妈这一周的饮食重点，不仅是为了胎宝宝的需求，也是为了分娩做准备。除了吃一些富含铁的食物外，孕妈妈可以同步补充维生素 C，这样可以促进铁的吸收，让营养摄取更全面。

银鱼煎蛋饼

原料：银鱼50克，鸡蛋1个，葱花、姜末、盐、植物油各适量。

做法：①鸡蛋打散。②油锅烧热，爆香葱花、姜末，放入银鱼煸炒至银鱼变白，捞出放在蛋液中，加盐搅拌均匀。③油锅烧热，倒入蛋液，凝固后盛起即可。

营养点评 银鱼营养丰富，具有高蛋白、低脂肪的优点，有利于孕妈妈增强免疫力。

清蒸鳗鱼

原料：鳗鱼200克，熟火腿20克，水发香菇4朵，盐、料酒、姜汁、醋、芝麻油、胡椒粉、葱花、清汤各适量。

做法：①鳗鱼处理干净；水发香菇洗净，切片；熟火腿切片。②鳗鱼入沸水汆烫，将肉划开1厘米宽的片，但不要切断，用盐、料酒、姜汁腌制。③香菇片、火腿片放入划开的鳗鱼片中，入蒸锅蒸10分钟。④混合盐、姜汁、醋、芝麻油，调成味汁。⑤清汤烧沸，加盐、胡椒粉，盛出淋在鳗鱼肉上，最后淋上味汁，撒上葱花即可。

功效 鳗鱼肉含有丰富的优质蛋白和人体必需的氨基酸，还含有被称为“脑黄金”的DHA及EPA，是胎宝宝脑细胞发育不可缺少的营养素。

莲藕炖牛腩

炖菜

原料：牛腩、莲藕各100克，红豆、姜片、盐各适量。

做法：①牛腩洗净，切块，入沸水汆烫，捞出沥干。②莲藕洗净，切块；红豆洗净，用冷水浸泡。③牛腩块、莲藕块、红豆、姜片放入锅中，加水用大火煮沸。④转小火慢慢煲熟，加盐调味即可。

营养点评 牛腩富含蛋白质、铁和钙；莲藕富含维生素C。莲藕与牛腩一起食用，可以促进蛋白质和脂肪的消化，减轻肠胃负担。

飘香小炒肉

原料：五花肉250克，卤豆干2块，青椒、红椒各1个，老干妈酱、生抽、白糖、葱、姜、植物油各适量。

做法：①姜洗净，切片；葱洗净，切段；青椒、红椒洗净，从中间横剖，一分为二，切段；卤豆干切条；五花肉洗净，切片。②油锅烧热，放入肉片，小火煸炒至肉片边缘焦黄。③放入葱段、姜片、老干妈酱、卤豆干、青椒、红椒，大火翻炒，加生抽、白糖，翻炒均匀即可。

营养点评 小炒肉中丰富的蛋白质、铁和维生素，可满足胎宝宝体重增长的需要。

火龙果柠檬酸奶

原料：火龙果150克，柠檬1个，酸奶200毫升。

做法：①火龙果去皮，切块，备用。②柠檬洗净，去皮，榨汁，放入火龙果块、酸奶，搅拌均匀即可。

营养点评 火龙果是一种低热量的水果，富含膳食纤维，促进肠胃蠕动，改善孕妈妈便秘。

第33周

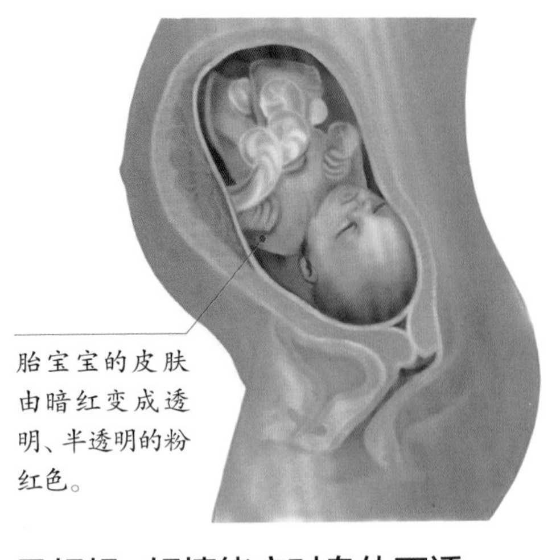

胎宝宝的皮肤由暗红变成透明、半透明的粉红色。

胎宝宝：小不点练起了“倒挂金钩”

大多数胎宝宝的胎位已经是头位了（胎宝宝头朝下），这种胎位有利于自然分娩。另外，胎宝宝的头骨很软，每块头骨之间都有空隙。并且没有完全闭合，这种收缩性有利于胎头顺利经过产道。

孕妈妈：好情绪应对身体不适

到了孕晚期，孕妈妈会发现身体出现各种不适，尿频、耻骨疼痛，还会感觉到腹部发紧发硬，心脏也受到了压迫。孕妈妈要努力放轻松，为了顺利分娩，还要适当地进行一些锻炼。

体重管理：铭记医生的叮嘱

孕晚期，如果孕妈妈每月体重增长2千克以上就必须控制饮食，以保持体重合理增长。在控制体重这件事上，孕妈妈不要随心所欲，医生的提醒和叮嘱一定要铭记于心。

营养重点：碳水化合物、钙、维生素 B_2

碳水化合物	钙	维生素 B_2
碳水化合物的需求量应占总热量的50%~60%，早餐用含膳食纤维的全麦类食物搭配优质蛋白类食物就很不错。建议碳水化合物和蛋白质的摄入比例为1∶1。	整个孕期都需要补钙，但孕后期钙的需求量明显增加，一方面，孕妈妈自身钙的储备增加有利于预防妊娠期高血压综合征的发生；另一方面，胎宝宝的牙齿、骨骼钙化加速，而且胎宝宝自身也要储存一部分钙以供出生后所需。	维生素 B_2 有助于促进机体对蛋白质、脂肪和碳水化合物的代谢，同时还参与红细胞的形成，并且有助于铁的吸收。
推荐食物：黑米、荞麦、坚果、蚕豆、莲藕。	**推荐食物：**牛奶、豆腐、虾皮、花生、紫菜。	**推荐食物：**鸡蛋、牛奶、紫菜、茄子。

瘦孕营养三餐

孕晚期，不少孕妈妈的胃口会变得较差，每次吃饭的量变少了，时常会感到胃不舒服，睡眠质量也不高。孕妈妈可以少吃多餐，努力克服各种身体不适，保证自身和胎宝宝的营养需求。

番茄肉酱意面

原料：牛后腿肉末200克，芹菜1把，胡萝卜1根，洋葱1个，番茄2个，意大利面200克，盐、白糖、黑胡椒粉、植物油各适量。

做法：①芹菜择洗干净，切末；胡萝卜、洋葱洗净，去皮、切末，留少许洋葱切丝；番茄洗净，去皮，加水用榨汁机搅打成汁；意面煮熟，捞出沥干。②油锅烧热，放入所有蔬菜末翻炒出香，放入肉末、番茄汁，大火烧开后转中小火熬至黏稠，加白糖、盐翻炒均匀，即成酱汁。③另取一油锅，放入洋葱丝、意面翻炒后盛出，撒上黑胡椒粉，淋上酱汁即可。

营养点评 芹菜口感爽脆，富含维生素A和钾元素，可缓解浮肿；牛肉中含有丰富的锌，有助于孕妈妈增强抵抗力。

莲藕蒸肉

原料：猪瘦肉150克，鸡蛋清50克，莲藕200克，葱花、姜末、干淀粉、生抽、盐各适量。

做法：①莲藕洗净，去皮、切成厚片。②猪瘦肉加鸡蛋清、姜末、盐、干淀粉、生抽、水，搅拌均匀后放入搅拌机打成肉馅。③肉馅逐一塞入莲藕的小孔中，放入盘中，入蒸锅蒸15分钟，关火，撒上葱花，闷至葱花出香味即可。

营养点评 莲藕与猪肉的完美结合，素荤搭配，可为孕妈妈提供丰富的营养。莲藕富含膳食纤维，热量却不高，能帮助控制体重和降血糖，孕妈妈可以用莲藕代替部分主食。

彩椒三文鱼串

原料：三文鱼100克，青、黄、红三色彩椒各半个，柠檬汁、黑胡椒粉、蜂蜜、盐、植物油各适量。

做法：①三文鱼洗净、沥干，切块；彩椒洗净，切片。②三文鱼用柠檬汁、盐、蜂蜜腌制15分钟。③用竹签将彩椒、三文鱼串好。④油锅烧热，放入彩椒三文鱼串，煎至三文鱼变色，撒上黑胡椒粉即可。

营养点评 三文鱼富含不饱和脂肪酸，能调节人体免疫力，同时可以为孕妈妈补充DHA；其钾含量也较高，可缓解孕妈妈水肿。

芹菜海米拌香干

原料：芹菜200克，香干3片，海米25克，蒜末、生抽、蚝油、白糖、白醋、芝麻油、盐各适量。

做法：①芹菜择洗干净，切段；香干切丝；海米用冷水泡发。②香干丝、海米、芹菜段分别入沸水烫熟，过凉水，捞出沥干。③将所有食材和调料搅拌均匀，装盘即可。

营养点评 海米富含钙质，有助于促进胎宝宝的骨骼发育；芹菜热量低，其含有的芹菜素有助于安定情绪，孕妈妈适量吃芹菜可缓解焦虑。

胡萝卜番茄汁

原料：番茄1个，胡萝卜半根，蜂蜜适量。

做法：①番茄、胡萝卜洗净，切块，放入榨汁机，倒入适量纯净水，搅打成汁。②调入蜂蜜即可。

营养点评 番茄中的番茄红素，有很强的抗氧化能力，胡萝卜中的β-胡萝卜素是维持眼睛和皮肤健康的必需物质，有利于胎宝宝生长发育。

第34周

胎宝宝的免疫系统逐渐完善，等出生后就能用强壮的体魄抵挡病菌了。

胎宝宝：头部进入骨盆

此时胎宝宝已经习惯了头朝下的姿势，头部已经进入骨盆。胎宝宝身体其他部分的骨骼已经变得结实，皮下脂肪正在变厚，皮肤已不再有褶皱。

孕妈妈：水肿得厉害

孕妈妈的腿脚可能会水肿得厉害，这种现象生产后才会消失。如果孕妈妈的手和脸突然肿胀，一定要去看医生。但不要因为水肿而限制水分摄入，只要肾功能正常，多喝水反而有利于排出身体的多余水分。

体重管理：不可随意节食

很多孕妈妈发现自己体重超标，便用克制进食的方法来控制体重，这样反而有害无益。如果此时孕妈妈体重超标，应咨询医生和营养师，根据自己的情况制订出合适的食谱，切不可随意节食。

营养重点：锌、铜、膳食纤维

锌	铜	膳食纤维
孕前每天摄入锌的量为 7.5 毫克，到了孕晚期要增加到 9.5 毫克，从日常的海产品、鱼类、肉类中可以得到补充。	随着胎宝宝的发育，所需含铜量也急剧增加，从孕 7 月到宝宝出生，铜的需求量增加约 4 倍。因此，孕晚期是胎宝宝吸收铜最多的时期，这个时期若不注意补充铜，就容易造成母婴双双缺铜。	为了缓解便秘的困扰，孕妈妈应该继续补充足量的膳食纤维，以促进肠道蠕动。芹菜、胡萝卜、红薯、土豆、菜花等新鲜蔬菜，还有五谷杂粮中都含有丰富的膳食纤维，孕妈妈可以坚持适量食用。
推荐食物：瘦肉、猪肝、羊肉、蛋黄、海带、茄子。	**推荐食物**：鱼、牡蛎、牛肝、豌豆、腰果、核桃。	**推荐食物**：红薯、菠菜、玉米、胡萝卜。

瘦孕营养三餐

补锌和铜是孕妈妈现在三餐饮食的重点。除此之外，9个月的胎宝宝由于体积的增大容易造成孕妈妈肠胃蠕动减慢，引起便秘。因此，孕妈妈可适当吃一些富含膳食纤维的食物，如红薯、菠菜、玉米、胡萝卜、糙米等。

番茄鸡蛋炒饭

原料：米饭1碗，番茄1个，鸡蛋1个，盐、植物油各适量。

做法：①米饭打散；鸡蛋加盐打散；番茄洗净，去皮切块。②油锅烧热，倒入蛋液炒成蛋花，盛出备用。③锅内留底油，放入番茄块，翻炒至出汁，加米饭翻炒均匀，放入蛋花翻炒，加盐调味即可。

营养点评 这道主食富含碳水化合物、蛋白质和维生素C，能为孕妈妈补充能量，提高食欲。但炒饭的热量较高，孕妈妈可以选择在不粘锅中不放油炒，以降低热量。

宫保鸡丁

原料：去骨鸡腿1只，花生仁50克，姜片、蒜末、干辣椒、干淀粉、醋、生抽、蚝油、白糖、植物油各适量。

做法：①去骨鸡腿洗净，切丁，用蚝油、干淀粉、姜片腌制；花生仁用冷水浸泡15分钟，去红衣；干辣椒去子剪段；蚝油、醋、白糖、干淀粉、生抽混合调成酱汁。②花生仁下凉油锅，炸至外表焦黄，控油备用。③油锅烧热，爆香姜片、干辣椒段、蒜末，放入鸡丁、酱汁，翻炒至酱汁浓稠，撒上花生仁，翻炒均匀即可。

营养点评 此菜富含蛋白质、钙、磷、铁、维生素等营养成分，孕妈妈食用可增进食欲，增强机体抵抗力。但其油脂含量较多，偏胖的孕妈妈可以选择午餐少量食用。

金针莴笋丝

原料：莴笋1根，金针菇1把，葱花、盐、植物油各适量。

做法：①金针菇洗净，去根；莴笋洗净，去皮、切丝。②油锅烧热，爆香葱花，放入金针菇炒软，倒入莴笋丝翻炒均匀，出锅前加盐调味即可。

营养点评 莴笋含钾量较高，能促进排尿，非常适合有水肿、高血压的孕妈妈食用；金针菇具有低热量、高蛋白、低脂肪、多维生素的营养特点，适合孕妈妈食用。

菜花沙拉

原料：菜花300克，酸奶200克，胡萝卜丁、盐各适量。

做法：①菜花洗净，切块，放入开水中加盐煮熟，捞出沥干，放入碗中晾凉。②酸奶浇在菜花块上，撒上胡萝卜丁点缀即可。

营养点评 菜花富含维生素C，能够促进孕妈妈铁的吸收，防止缺铁性贫血；菜花还含有丰富的膳食纤维，搭配酸奶，能够促进肠道蠕动，防治便秘。凉拌的方式，营养损失小、热量低。

鸽肉木耳汤

原料：鸽子1只，干黑木耳5克，姜片、葱段、盐各适量。

做法：①干黑木耳用温水泡发，洗净。②鸽子处理干净，切块，放入锅中，倒入泡发好的黑木耳、姜片、葱段，加水炖烂，加盐调味即可。

营养点评 鸽肉的蛋白质含量高，消化率也高，而脂肪含量较低。此外，鸽肉所含的钙、铁、铜等营养物质都比鸡肉、鱼肉、牛肉、羊肉含量高。

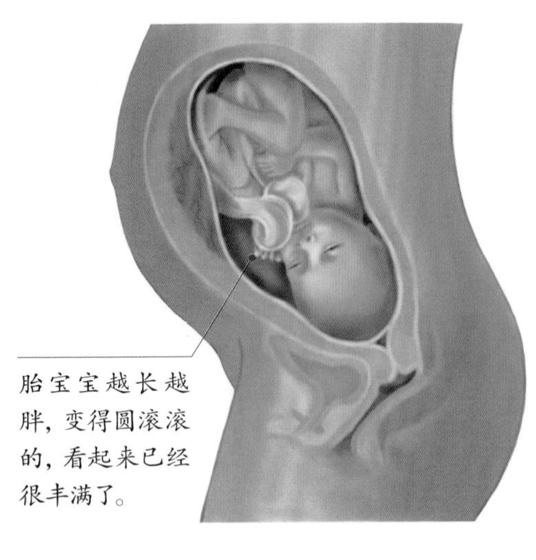

胎宝宝越长越胖，变得圆滚滚的，看起来已经很丰满了。

第35周

胎宝宝：活动减少

胎宝宝已经完成了大部分的身体发育，肾脏发育完全，肝部发育也基本完成，但中枢神经系统尚未完全发育成熟。孕妈妈会感觉胎宝宝活动减少，因为胎宝宝越来越大，在妈妈肚子里的活动空间越来越小。

孕妈妈：腹坠腰酸更明显了

随着胎宝宝长大，位置逐渐下降，大多数孕妈妈此时腹坠腰酸，感觉到骨盆后部的肌肉和韧带很麻木，并有一种牵引式的疼痛，即使是平时简单的事，现在做起来也会很累。

体重管理：结合胎宝宝的体重调整计划

胎宝宝出生时体重正常，不仅有利于顺产，还有益于婴儿期的健康生长，所以孕妈妈现在的控制体重计划要结合胎宝宝的体重来做好平衡。

营养重点：维生素 B_1、锌、蛋白质

维生素 B_1	锌	蛋白质
维生素 B_1 的需求量与机体热能总摄入量成正比，孕期热量每日需求增加约 2090 千焦，因此，维生素 B_1 的供给量也增加为 每天 1.5 毫克。	在孕期，锌有助于胎宝宝的健康发育。除了海产品，红肉类，猪、牛、鸡、鸭等的内脏外，坚果类、全谷类中也含有丰富的锌，水果中苹果的含锌量较高，豆腐皮、芝麻酱等也含有一定量的锌，枸杞子、桑葚等含锌量也较高。	肉类食物是优质蛋白质的良好来源。如果孕妈妈不喜欢吃肉类食物，可以从鸡蛋和乳制品中摄入足够的蛋白质。
推荐食物：鸡蛋、谷物、豆类、坚果、绿叶蔬菜。	**推荐食物：**虾、海带、牛肉、紫米、腰果、松仁。	**推荐食物：**牛肉、鸡蛋、虾、豆腐。

瘦孕营养三餐

胎宝宝逐渐下降进入盆腔后，孕妈妈的胃会稍微舒服一些，食量会有所增加。此时，孕妈妈要保证优质蛋白质、维生素 B_1 的摄入，不妨多吃一些易于被人体消化吸收的食物，如粥、面条、牛奶等。

红烧牛肉面

原料：牛腩 100 克，挂面 200 克，番茄 3 个，青菜、老抽、生抽、白糖、盐、植物油各适量。

做法：①番茄洗净，切块；青菜洗净，入沸水焯熟；牛腩洗净，切块，放入凉水锅中煮至浮沫溢出，捞出洗净。②油锅烧热，放入番茄块翻炒出汁，倒入开水、牛腩、老抽、生抽、盐、白糖，煮至用筷子能轻易戳透牛腩。③另取一锅，倒入适量水烧开，放入挂面，加盐，煮 4~6 分钟。④盛出面条，舀入面汤，放入牛腩浇头、青菜即可。

营养点评 番茄含有大量的钾及碱性矿物质，能促进血液中钠盐的排出，有一定利尿的作用，对血压高、水肿的孕妈妈有良好的缓解作用。

番茄厚蛋烧

原料：鸡蛋 2 个，番茄 1 个，盐、植物油各适量。

做法：①番茄洗净，去皮、切碎；鸡蛋加盐打散，加入番茄碎，混合均匀。②油锅烧热，鸡蛋液均匀地铺一层在锅底，凝固后卷起，再倒入蛋液，铺满锅底，凝固后从卷好的鸡蛋饼处开始往回卷起，重复上述步骤至蛋饼卷好。③将卷好的蛋饼再煎片刻，盛出，切段，装盘即可。

营养点评 此菜是番茄和鸡蛋的另一种做法，经常发生牙龈出血的孕妈妈常吃富含维生素 C 的番茄有一定改善作用。

双色菜花

原料：菜花、西蓝花各100克，蒜蓉、盐、水淀粉、植物油各适量。

做法：①菜花、西蓝花洗净，切小块。②菜花块、西蓝花块入沸水焯烫。③油锅烧热，放入菜花块、西蓝花块翻炒，加蒜蓉、盐调味，用水淀粉勾薄芡即可。

营养点评 西蓝花含有的膳食纤维能一定程度上降低肠胃对葡萄糖的吸收，防止饭后血糖过高。

香菇炖面筋

原料：鲜香菇80克，面筋100克，酱油、盐、葱花、植物油各适量。

做法：①鲜香菇洗净，去蒂、切块；面筋洗净、切块。②油锅烧热，放入香菇块翻炒出香，再放入面筋块、适量水，大火煮开后改小火炖煮。③加酱油，炖至香菇和面筋烂熟时起锅。④最后加盐，撒上葱花即可。

营养点评 面筋是一种高蛋白、低脂肪、低碳水化合物的特殊食物。面筋特别适合肥胖的孕妈妈食用，既保证了蛋白质的供给，又限制了热量的摄入。

苹果玉米汤

原料：苹果1个，玉米半根。

做法：①苹果洗净，去核、去皮，切块；玉米去皮、洗净后，切块。②玉米块、苹果块放入汤锅中，加适量清水，大火煮开，再转小火煲40分钟即可。

营养点评 苹果会增加饱腹感，饭前吃能减少进食量，适合肥胖的孕妈妈食用。苹果还富含果胶，可以降低人体中胆固醇含量。

第 36 周

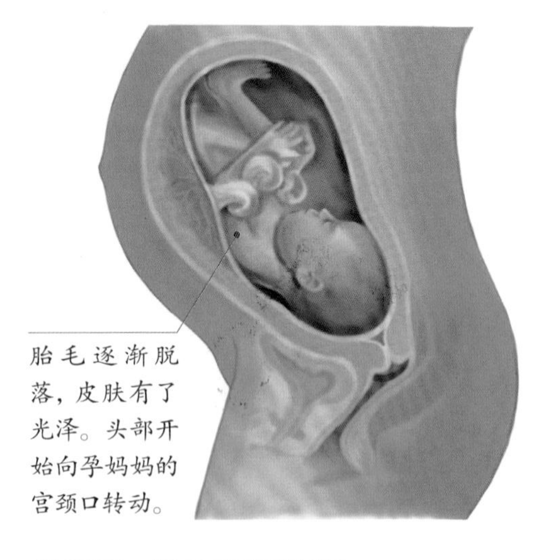

胎毛逐渐脱落，皮肤有了光泽。头部开始向孕妈妈的宫颈口转动。

胎宝宝：胎毛开始脱落了

覆盖胎宝宝全身的绒毛和在羊水中保护胎宝宝皮肤的胎脂开始脱落。胎宝宝的头骨已经变得坚硬了，为了顺利通过产道，胎头还是保持着很好的调整能力，能根据情况调整头形。

孕妈妈：肚子好沉好沉

孕妈妈的体重已经达到了孕期的高峰，肚子已经相当沉了。如果胎宝宝已经下降到骨盆，孕妈妈胃灼热的情况将开始好转，呼吸也没有那么困难，只是尿频和腰酸背痛还在困扰着孕妈妈。

体重管理：小心胎宝宝过大

胎宝宝过大、过胖，未必是好事。一方面会增加难产的概率，另一方面会影响母婴健康。注意控制体重，不要放纵饮食。

营养重点：维生素 K、铁、维生素 B_1

维生素 K	铁	维生素 B_1
如果维生素 K 吸收不足，血液中凝血酶原减少，易引起凝血障碍，发生出血症。孕妈妈体内凝血酶降低，胎宝宝也容易发生出血问题。因此，孕妈妈应注意摄取富含维生素 K 的食物，以预防产后宝宝因维生素 K 缺乏而引起的颅内、消化道出血。	孕晚期，孕妈妈对铁的需求量增加，所以孕妈妈要注意日常饮食中铁的摄入量，需求量为每天 30 毫克左右，应该注重从饮食中获取足量的铁。	维生素 B_1 在谷类的表皮部分含量更高，故谷类加工时不宜过细。猪、牛、鸡、鸭等的内脏、蛋类和绿叶蔬菜中维生素 B_1 的含量较丰富。只要平时选择标准米面，定期吃些糙米饭等就可以补充维生素 B_1。
推荐食物：菠菜、蛋黄、莴笋、西蓝花。	**推荐食物：**牛肉、瘦肉、动物肝脏。	**推荐食物：**谷物、紫菜、粗粮、豆类。

瘦孕营养三餐

胎宝宝已经基本发育成熟，所以孕妈妈本周要避免食用高热量、高脂肪的食物，可适当多吃一些含维生素和膳食纤维的食物，既改善孕妈妈的便秘状况，也有助于降低早产风险，减小羊膜早破的概率，预防产后出血等。

炒小米

原料：小米、韭菜各100克，鸡蛋1个，盐、植物油各适量。

做法：①锅内倒入适量水烧开，放入小米煮熟，捞出沥干；韭菜洗净，切段；鸡蛋打散。②油锅烧热，倒入蛋液，待蛋液稍稍凝固，用筷子划散成小块，再倒入韭菜段，翻炒至八成熟。③另起油锅，放入小米、韭菜段、鸡蛋块翻炒，加盐调味，翻炒均匀即可。

营养点评 小米中含蛋白质、脂肪、碳水化合物等营养素，而且小米通常无须精制，因此保存了较多的营养素和矿物质。

香菇炖鸡

原料：干香菇30克，鸡1只，盐、葱段、姜片、料酒各适量。

做法：①干香菇用温水泡开洗净；鸡处理干净，切块，入沸水汆烫。②锅内放入水和鸡块，用大火烧开，撇去浮沫，加料酒、盐、葱段、姜片、香菇，中火炖至鸡肉熟烂即可。

营养点评 鸡肉富含动物性蛋白质，与香菇中的膳食纤维共同作用，除了可改善孕妈妈的便秘症状外，香菇还可以解油腻。

红烧带鱼

烧菜

原料：带鱼1条，盐、黑胡椒粉、白糖、植物油各适量。

做法：①带鱼处理干净，擦干水，切段；白糖、盐、黑胡椒粉混合成调料，均匀地撒在带鱼段上，腌制40分钟。②热锅凉油，放入带鱼段，鱼皮微皱时翻面，煎至两面金黄即可。

营养点评 带鱼的脂肪含量高于一般鱼类，且多为不饱和脂肪酸，这种脂肪酸具有降低胆固醇的作用。带鱼还含有丰富的硒，硒有抗氧化作用，还可以改善血管状况。

蒜香烧豆腐

原料：肉馅50克，南豆腐200克，蒜末、葱段、高汤、生抽、水淀粉、盐、植物油各适量。

做法：①南豆腐切片，入加盐的沸水中焯烫，捞出备用；混合盐、生抽、水淀粉调成芡汁。②热锅凉油，放入肉馅，中火翻炒至变色，放入葱段，翻炒至出香，放入豆腐片，翻炒。③倒入高汤，大火煮沸，转小火炖煮5分钟，大火收汤，倒入芡汁翻炒均匀，撒上蒜末，翻炒出香味即可。

营养点评 蛋氨酸是一种人体必需的氨基酸，豆腐中含量较少，而肉类中含量较丰富。搭配一些别的食物如鱼、蛋、肉等，可提高豆腐中蛋白质的利用率，而且味道更加鲜美。

南瓜红枣粥

原料：大米50克，南瓜50克，红枣5颗。

做法：①南瓜去皮、去瓤，洗净，切丁；红枣洗净；大米淘洗干净。②锅中放入大米、南瓜丁、红枣，加适量水煮熟即可。

营养点评 红枣可以补血、补铁，对防治孕期贫血有一定作用。但孕妈妈吃红枣也要注意节制，过量吃红枣，容易胀气，建议隔天吃1次。

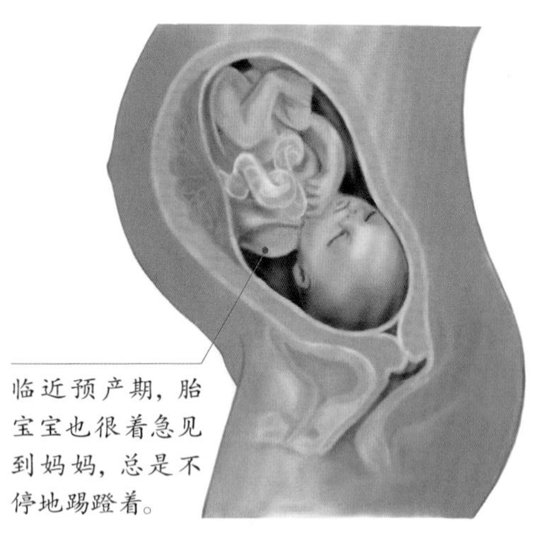
临近预产期，胎宝宝也很着急见到妈妈，总是不停地踢蹬着。

第37周

胎宝宝：足月了

从现在开始，胎宝宝已经足月了，意味着随时会来到妈妈的身边。胎宝宝的所有器官都已经发育成熟，看起来又圆又结实，皮下脂肪增多，手肘和膝盖开始内凹，有助于将来做各种灵活的动作。

孕妈妈：每周做1次产检

从现在开始，孕妈妈应该每周做1次产前检查，包括量血压、称体重、复查胎位、胎心监护、测宫高等。离预产期的时间越来越近，孕妈妈适当运动，充分休息，可以减轻焦虑。

体重管理：最后阶段体重容易超标

现在是胎宝宝生长的最后时期，孕妈妈的食欲会增加。此时，孕妈妈一定要管住自己的嘴，不要放纵自己的胃，以免最后阶段体重超标。

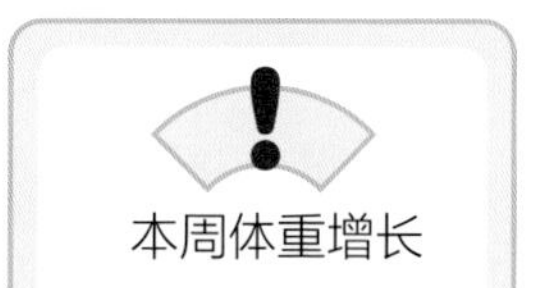

营养重点：维生素 B_{12}、膳食纤维、维生素 B_1

维生素 B_{12}	膳食纤维	维生素 B_1
建议孕妈妈每天摄入2.9微克，维生素 B_{12} 只存在于动物性食品中。建议日常膳食中每日保证2份肉类外加1杯牛奶和1个鸡蛋。	由于胃酸减少，胃肠蠕动缓慢，很多孕妈妈都会被便秘困扰。膳食纤维有促进肠胃蠕动、缩短食物在消化道通过的时间等作用，是改善便秘的得力助手。	到了临产前，如果维生素 B_1 摄入量不足，孕妈妈可能会出现呕吐、倦怠、疲乏，还可能影响分娩时子宫的收缩，使产程延长，分娩困难。所以，孕妈妈一定要重视维生素 B_1 的补充。
推荐食物：鸡蛋、牛肉、牛奶、鱼类、猪肝。	**推荐食物：**红薯、口蘑、苋菜、菠菜。	**推荐食物：**鸡蛋、全谷物、豌豆、猪肝、瘦肉。

瘦孕营养三餐

到了孕期的最后1个月，胎宝宝已经基本发育完全，而孕妈妈的身体也承受着巨大的压力。在食物的选择上，孕妈妈可以选择体积小、营养价值高的食物以减轻对胃部的压迫，尽量采用少食多餐的方式，以避免体重增长过快，减小分娩的困难。

豆角焖面

原料： 猪肉150克，豆角200克，面条300克，葱、姜、蒜、料酒、生抽、老抽、盐、植物油各适量。

做法： ①葱洗净，切段；姜、蒜洗净，切片；豆角择洗干净，掰段；猪肉洗净，切片。②油锅烧热，爆香葱、姜、蒜，放入肉片翻炒至变色，放入料酒、生抽、老抽、盐，翻炒至肉片上色。③放入豆角翻炒，加入没过豆角的水，烧开后转中小火煮3分钟，盛出大部分汤汁。④面条铺在菜上，盖上锅盖，焖至锅中水分快要干时，揭开锅盖，隔5分钟淋一次汤汁。分三次将汤汁全部加完，关火，将面条和豆角、肉片搅拌均匀即可。

营养点评 豆角焖面可增强食欲，还含有丰富的碳水化合物，有利于给孕妈妈快速补充能量。

芥蓝腰果炒香菇

原料： 芥蓝200克，腰果20克，鲜香菇、红椒、姜片、盐、白糖、水淀粉、植物油各适量。

做法： ①芥蓝洗净，去根、切段；红椒洗净，切条；鲜香菇洗净，去蒂、切片；腰果洗净沥干。②芥蓝段、香菇片入沸水焯烫，捞出沥干。③油锅烧热，放入腰果翻炒炸熟，捞出控油。④油锅烧热，爆香姜片，放入芥蓝段、腰果、红椒条、香菇片翻炒均匀，加盐、白糖调味，用水淀粉勾芡即可。

营养点评 腰果含有大量的亚麻油酸，有保护大脑、增强记忆力等功效。但油脂丰富，热量较高，多吃容易发胖，孕妈妈每次食用10颗左右即可。

薯角拌荷兰豆

凉菜

原料：小土豆 5 个，荷兰豆 100 克，芦笋 3 根，蒜末、盐、醋、白糖、植物油各适量。

做法：①小土豆洗净，切块放入烤盘中，加盐、植物油，放入预热到 200℃的烤箱，烤 30~40 分钟，取出晾凉。②荷兰豆洗净；芦笋洗净，去根入沸水焯烫，捞出沥干。③蒜末、盐、醋、白糖、植物油混合调成调料汁。④小土豆、荷兰豆和芦笋装盘，淋上调料汁即可。

营养点评 土豆经过烤制后吸收了油，热量略高，偏胖的孕妈妈可以改变烹饪方式，直接将三种食材同炒。

麦香鸡丁

原料：鸡肉 100 克，燕麦片 25 克，花椒粉、盐、水淀粉、植物油各适量。

做法：①鸡肉洗净，切丁，用盐、水淀粉上浆。②油锅烧热，放入鸡丁，滑油捞出。③倒入燕麦片，炸至金黄色，捞出控油。④锅内留底油，倒入鸡丁、燕麦片翻炒，加花椒粉、盐调味即可。

营养点评 燕麦富含膳食纤维，与鸡肉一起食用，可以有效地去除鸡肉的油脂。

枣莲三宝粥

原料：绿豆 20 克，大米 50 克，莲子、红枣各 5 颗，红糖适量。

做法：①绿豆、大米淘洗干净；莲子、红枣洗净。②将绿豆和莲子放在带盖的容器内，加适量开水闷泡 1 小时。③将泡好的绿豆、莲子放入锅中，加适量水烧开，再加入红枣和大米，用小火煮至豆烂粥稠，加适量红糖调味即可。

营养点评 绿豆富含维生素、钾、磷、铁等营养素，有利尿消水肿的作用；莲子含有丰富的蛋白质、碳水化合物、钾、钙、镁等营养素，有安神的作用；红枣含有维素 C、铁等营养素，可提高免疫力，防治贫血。三者煮粥非常适合孕妈妈食用。

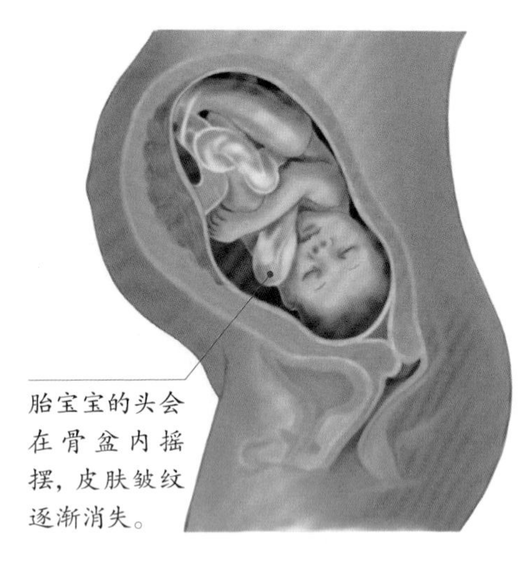

胎宝宝的头会在骨盆内摇摆，皮肤皱纹逐渐消失。

第38周

胎宝宝：头部完全入盆

胎宝宝现在体重已经接近他出生时的体重，之前覆盖在胎宝宝身上的绒毛和胎脂已经脱落、消失得差不多了，胎宝宝的皮肤很光滑。胎宝宝的头部会朝向骨盆内的方向继续下降，准备出生。

孕妈妈：保证足够的睡眠

分娩期临近，孕妈妈可能会产生紧张的情绪。这时应适当活动，充分休息，密切关注自己的生理变化。孕妈妈现在重要的事情就是要保证足够的睡眠，随时迎接将要来临的分娩。

体重管理：增加活动量

此时，孕妈妈应严格控制体重增长，以促进顺产。如果体重超标，饮食尽量以低脂和低热量的蔬菜及谷类食物为主，并适当增加活动量。

营养重点：铁、维生素 C

铁	维生素 C
除了胎宝宝自身需要贮存一定量的铁元素之外，还要考虑到孕妈妈在生产过程中会失血。生产会造成孕妈妈血液流失，顺产的出血量为 350~500 毫升，剖宫产失血最高会达 750~1 000 毫升。孕妈妈如果缺铁，很容易造成产后贫血。因此孕晚期补铁是不容忽视的，推荐补充量为每日 30 毫克左右。	补充维生素 C 有助于增强孕妈妈的身体抵抗力，使孕妈妈和胎宝宝的皮肤更好，还能促进铁的吸收，孕妈妈可以常吃富含维生素 C 的蔬菜和水果。
推荐食物： 牛肉、瘦肉、动物肝脏、紫菜、海带、黑木耳。	**推荐食物：** 猕猴桃、橙子、番茄、菠菜、芹菜、胡萝卜。

瘦孕营养三餐

现阶段孕妈妈可多摄取一些能够帮助缓解分娩带来的紧张和恐惧感的食物，要用好胃口摄取所需各种营养素。富含叶酸、维生素 C 和维生素 K 的圆白菜、菠菜、胡萝卜、芦笋等均是有益的食物，同时还要注重补铁。

鸡汤馄饨

原料： 馄饨皮100克，鸡肉、虾仁各25克，鸡蛋1个，海米、鸡汤、盐、芝麻油各适量。

做法： ①鸡肉、虾仁处理干净，剁碎，加盐搅拌成馅；鸡蛋加盐打散，倒入油锅摊成饼，盛出晾凉，切丝备用。②馄饨皮包入馅，包成馄饨。③鸡汤煮沸，倒入馄饨煮熟，盛出，撒上鸡蛋丝、海米，淋芝麻油即可。

营养点评 鸡汤是滋补的佳品，营养丰富，富含蛋白质和各种微量元素，最好使用鸡架煮汤，煮出来的鸡汤原汁原味，也不会过于油腻。

杏鲍菇炒猪肉

原料： 猪里脊肉50克，杏鲍菇1个，黄瓜半根，盐、白糖、鸡蛋清、生抽、植物油各适量。

做法： ①杏鲍菇洗净，切片，入沸水焯烫；猪里脊肉切片，用盐、白糖和鸡蛋清腌制；黄瓜洗净，切片。②油锅烧热，倒入猪里脊肉片炒至变白，倒入生抽、黄瓜片翻炒。③倒入杏鲍菇片翻炒均匀，加盐调味即可。

营养点评 杏鲍菇营养丰富，热量低，富含蛋白质及维生素，可以提高孕妈妈的免疫力。

蛤蜊蒸蛋

原料： 鸡蛋 1 个，蛤蜊 25 克，盐、芝麻油各适量。

做法： ①蛤蜊提前一晚放淡盐水中吐沙。②蛤蜊洗净，放入锅中加水炖煮至开口，捞出备用；蛤蜊汤备用。③鸡蛋中加适量蛤蜊汤、盐搅拌均匀，淋上芝麻油，放入蛤蜊，盖上保鲜膜，入蒸锅蒸 10 分钟即可。

营养点评 蛤蜊高蛋白、高钙、低脂肪，营养价值高，还可降低人体胆固醇含量，利尿清热，适合担心发胖和水肿的孕妈妈食用。

番茄烧茄子

原料： 茄子 1 根，番茄 1 个，青椒 1 个，姜末、蒜末、盐、白糖、生抽、植物油各适量。

做法： ①茄子、番茄洗净，切块；青椒洗净，切片。②油锅烧热，爆香姜末、蒜末，放入茄子块，翻炒至茄子变软，盛出。③另取油锅，烧热，放入番茄块翻炒，放入盐、白糖、生抽、茄子块、青椒片继续翻炒，直至炒出番茄的全部汤汁即可。

营养点评 茄子很容易吸油，但和番茄搭配，既除去了红烧茄子的油腻，又中和了番茄的酸味。此菜能融合番茄的酸和茄子的嫩，将二者营养合二为一，味美色香，适合孕妈妈食用。

木瓜牛奶汁

原料： 木瓜半个，橙子半个，香蕉 1 根，牛奶适量。

做法： ①木瓜去子，挖出果肉；香蕉、橙子去皮，取果肉备用。②将准备好的水果放进榨汁机内，加牛奶、水，搅打均匀即可。

营养点评 此饮品中钙、维生素含量丰富，可调节孕妈妈的免疫力，同时为孕妈妈分娩助力。

第39周

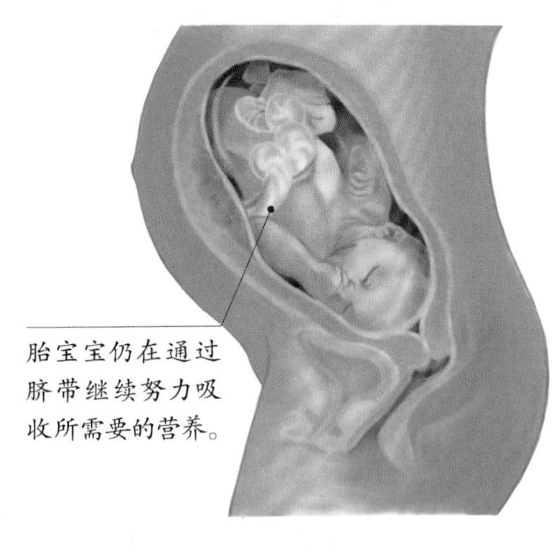

胎宝宝仍在通过脐带继续努力吸收所需要的营养。

胎宝宝：还在子宫里赖床

胎宝宝每天都不断增加一点脂肪，这对他出生后的体温调节很有帮助。胎宝宝的抓握已经很有力了，很快你就会在他出生后，用小手抓住你的手指时感受到这一点。胎宝宝的身体各器官也已经完全发育，随时等待出生。

孕妈妈：注意临产前兆，时刻准备着

本周孕妈妈要格外注意3个临产的前兆：宫缩、见红和破水。如果离预产期还很长，却多次出现宫缩般的疼痛，或者出血，这就是临产的症状，孕妈妈应立刻到医院检查。

体重管理：坚持散步

离预产期越近，孕妈妈越要管住嘴、迈开腿，首先不要吃太油、太甜的食物，其次要坚持散步、适当运动，这样更有利于顺产。

本周体重增长

不宜超过400克

营养重点：碳水化合物、维生素K、锌

碳水化合物	维生素K	锌
临产孕妈妈的饮食中必须富含碳水化合物，建议每天摄入量不超过250克。孕妈妈三餐以米面等为主食，再加1碗粥品，就能满足所需。此外，孕妈妈适当摄入全谷类食物，其所含的维生素也可以促进孕妈妈产后的乳汁分泌，有助于提高新生宝宝对外界的适应能力。	建议孕妈妈每天摄入80微克维生素K，因为维生素K不溶于水，需要油脂帮助其被吸收，所以补充维生素K建议炒熟或者用沸水焯熟，然后加调味油食用。	胎宝宝对锌的需求在孕晚期最高。孕妈妈体内储存的锌，大部分在胎宝宝的成熟期被利用，因此孕妈妈在孕晚期要坚持补充锌。
推荐食物：米饭、小米粥、面条、土豆、胡萝卜、香蕉。	**推荐食物：**菠菜、生菜、圆白菜、黄瓜、西蓝花。	**推荐食物：**海鱼、虾、牡蛎、海带、鸡蛋、牛肉。

瘦孕营养三餐

分娩是体力活，因此孕妈妈的饮食中碳水化合物的食物少不了。虽然蛋白质也能提供人体热量，但是肉类中蛋白质所提供的热量远远不能达到分娩时的需求，只有碳水化合物才能提供最直接的热量。但为了避免胎宝宝过大，影响顺利分娩，碳水化合物的摄取不能过多，脂肪的摄取不宜过多。

平菇芦笋饼

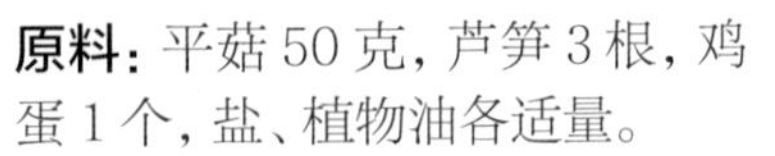

原料：平菇50克，芦笋3根，鸡蛋1个，盐、植物油各适量。

做法：①平菇洗净，撕小朵，切碎；芦笋洗净，切碎；鸡蛋加盐打散。②油锅烧热，放入平菇碎、芦笋碎，稍微煸炒，均匀地放在锅底。③倒入蛋液，使平菇碎和芦笋碎都裹上蛋液，煎至蛋液凝固、两面金黄即可。

营养点评 平菇中氨基酸的种类十分丰富，孕妈妈经常食用可以调节免疫力。

黑木耳炒山药

原料：山药150克，干黑木耳5克，青椒、红椒、葱花、蒜蓉、蚝油、盐、植物油各适量。

做法：①山药洗净，去皮、切片，入沸水焯烫备用；青椒、红椒洗净，切片；干黑木耳用温水泡发，洗净，撕小朵。②油锅烧热，放入葱花、蒜蓉、山药片、青椒片、红椒片翻炒。③倒入泡发好的黑木耳，翻炒均匀，加蚝油、盐调味即可。

营养点评 黑木耳有很强的清肠功效，而山药有很好的滋养功能，二者同炒，既清理肠胃又滋养身体。

肉末炒豇豆

原料：猪肉末 50 克，豇豆 150 克，生抽、白糖、盐、姜末、蒜蓉、植物油各适量。

做法：①猪肉末中加生抽、白糖、盐搅拌均匀；豇豆洗净，切段，入沸水焯烫后捞出。②油锅烧热，倒入猪肉末翻炒，再加豇豆段、姜末、蒜蓉翻炒。③炒熟后加盐调味即可。

营养点评 豇豆富含膳食纤维，有利于调节血糖、血脂，是有妊娠期糖尿病孕妈妈的理想食物。但要注意，烹调豇豆时应彻底加工制熟，否则容易引起恶心、呕吐等不良胃肠道反应。

多福豆腐袋

原料：豆腐 1 块，胡萝卜 20 克，干黑木耳 5 朵，鲜香菇 4 朵，白菜半棵，韭菜 1 把，葱花、生抽、蚝油、盐、白糖、水淀粉、高汤、芝麻油、植物油各适量。

做法：①干黑木耳泡发后洗净，切碎；鲜香菇、白菜、胡萝卜洗净，切碎；韭菜入沸水焯烫至软。②豆腐切块，油炸至定型；蔬菜碎加蚝油、盐、白糖、芝麻油搅拌成馅。③掏空豆腐内心，填入蔬菜馅，用韭菜叶扎紧袋口。④油锅烧热，爆香葱花，放入高汤、盐、生抽、口袋豆腐，加盖煮 5 分钟，用水淀粉勾芡即可。

营养点评 豆腐富含蛋白质和矿物质，含钙高而含碳水化合物低，不含单糖和双糖，不含胆固醇。

核桃乌鸡汤

原料：乌鸡半只，核桃仁 4 颗，枸杞子、葱段、姜片、料酒、盐各适量。

做法：①乌鸡洗净，切块，入水煮沸，去浮沫。②加核桃仁、枸杞子、料酒、葱段、姜片同煮。③煮开后转小火，炖至肉烂，加盐调味即可。

营养点评 乌鸡含蛋白质、B 族维生素等，其中氨基酸、烟酸、维生素 E、磷、铁、钾、钠的含量均高于普通鸡肉，其胆固醇和脂肪含量却很低，而且含铁元素比普通鸡高很多，是孕妈妈滋补佳品。

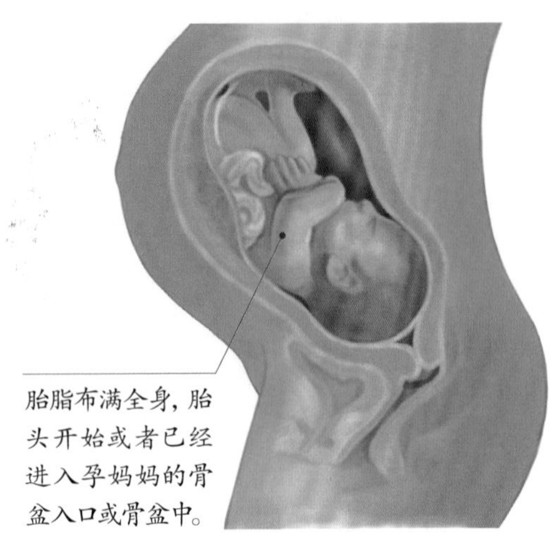

胎脂布满全身，胎头开始或者已经进入孕妈妈的骨盆入口或骨盆中。

第40周

胎宝宝：就要和爸爸妈妈见面了

大多数胎宝宝都会在这一周出生，但是只有5%左右的胎宝宝会很听话地在预产期出生，提前两周或推迟两周都有可能，算正常现象。如果推迟两周还没有临产迹象，那就需要采取催产等措施尽快分娩。

孕妈妈：幸福，无以言表

即将见到期待已久的胎宝宝，孕妈妈的心中一定充满着爱意。现在孕妈妈要避免向高处伸手，也不要有压迫腹部等对自己不利的动作，一旦出现临产征兆，要迅速赶往医院。孕妈妈还需要注意避免胎膜早破，即通常所说的早破水。

体重管理：产前体重可能会减轻

整个孕期，孕妈妈都在积极地进行体重管理，体重增长11~15千克是较合适的。分娩前有的孕妈妈体重会减轻，如果胎动无异常，胎宝宝发育正常，孕妈妈不必太担心，这可能与休息和饮食有关。

营养重点：蛋白质、碳水化合物、铁

蛋白质	碳水化合物	铁
这时候孕妈妈要适当摄取如豆腐、牛奶、鱼类、瘦肉等富含优质蛋白质的食物，为最终的分娩打下坚实的体能基础。	与蛋白质相比，碳水化合物能提供最直接的热量，而且也是最主要的供能方式。因此，临产孕妈妈的饮食中必须有富含碳水化合物的食物，即孕妈妈三餐中都要吃米、面等主食。	无论是顺产还是剖宫产，孕妈妈不可避免地会失血，所以补铁很重要。越是接近临产，就越要多吃些含铁元素丰富的食物。
推荐食物：海参、海鱼、虾、豆腐、瘦肉、鸡肉。	**推荐食物：**大米、小米、土豆、荸荠、藕粉、面条。	**推荐食物：**黑木耳、黑芝麻、动物肝脏、瘦肉。

瘦孕营养三餐

在孕期的最后阶段，孕妈妈的饮食都要以能促进顺利分娩为目的。多吃一些补充能量的食物，并且注重补铁，以迎接随时到来的分娩。孕妈妈更要做好足量的蛋白质储备，以备产后及时恢复身体的亏损，而且蛋白质还能使产后泌乳量旺盛，提高乳质。

豆腐馅饼

原料：豆腐 250 克，面粉 150 克，白菜 100 克，姜末、葱花、植物油、盐各适量。

做法：①豆腐抓碎；白菜洗净，切碎，挤去水分；豆腐、白菜中加入姜末、葱花、盐，搅拌馅。②面粉制成面团，分成 10 等份，包入馅料。③油锅烧热，放入馅饼煎至两面金黄。

营养点评 豆腐含丰富的植物蛋白质和钙；白菜中膳食纤维含量丰富，有利于缓解便秘。

炒菜花

原料：菜花 150 克，胡萝卜半根，高汤、盐、葱丝、姜丝、芝麻油、植物油各适量。

做法：①菜花洗净，掰小朵，入沸水焯烫；胡萝卜洗净，切片。②油锅烧热，爆香葱丝、姜丝，放入菜花、胡萝卜片翻炒，加盐、高汤烧开。③小火煮 5 分钟后，淋入芝麻油即可。

营养点评 菜花富含膳食纤维，能促进肠胃蠕动，有助于清除宿便，改善孕妈妈便秘的症状；胡萝卜中的胡萝卜素可以增强免疫力、润滑肌肤。

番茄牛腩煲

烧菜

原料： 牛腩 250 克，番茄、土豆各 1 个，洋葱、姜片、葱花、蒜片、八角、生抽、冰糖、盐、植物油各适量。

做法： ①牛腩洗净，切块；土豆、番茄洗净，去皮、切块；洋葱去皮、切丁。②油锅烧热，放入土豆块，煎至两面变色，捞出备用。③爆香姜片、洋葱丁、葱花、蒜片，放入牛腩块，翻炒至变色，放入番茄块、生抽、冰糖、八角，加水没过肉，炖煮 1 小时。④土豆块放入锅中，炖煮 15 分钟，加盐调味，收汤即可。

营养点评 此菜不仅汤浓味美，酸甜适口，维生素 C 与蛋白质完美结合，而且其中的番茄热量低，是 β－胡萝卜素、维生素 C 和叶酸的较好来源。

双味毛豆

原料： 毛豆 100 克，柠檬 1 个，白芝麻、盐、黑胡椒碎各适量。

做法： ①毛豆洗净，用盐搓掉表面绒毛，放入锅中，加水煮 3 分钟，捞出过凉水，去壳待用。②炒熟白芝麻，研磨成碎末；擦丝机擦取柠檬表面黄皮，加黑胡椒碎和盐拌匀。③毛豆分两份，分别撒上两种调味料拌匀即可。

营养点评 毛豆含有丰富的膳食纤维，不仅能改善便秘，还能帮助降低血压和胆固醇。

玉米红豆粥

原料： 红豆、大米各 20 克，玉米 30 克。

做法： ①大米、玉米淘洗干净，分别浸泡 30 分钟。②红豆洗净，提前一晚浸泡，入蒸锅蒸熟。③锅中放入玉米和适量水，大火烧沸后转小火，放入大米熬煮。④待粥煮熟时，放入红豆再煮 5 分钟即可。

营养点评 红豆有利尿除湿作用，有助于消除孕期水肿，尿频的孕妈妈也可以食用红豆来改善症状。而且红豆中铁元素丰富，能预防孕期贫血。

怀孕要母婴都健康，就不能把超重当常态。严格管理孕期体重，不仅可以减轻孕妈妈的身体负担，还能够避免并发症的发生。

第四章

孕期常见不适饮食调理

孕吐

在孕早期，由于胎盘分泌的雌性激素、孕激素使孕妈妈体内环境发生改变，有半数左右的孕妈妈会出现早孕反应，主要表现为嗳气、呕吐、口渴、口臭、便秘等症状；另外，还会出现情绪低落、头晕、唾液分泌亢进等植物神经紊乱的症状，只是程度不同而已，多数出现早孕反应的孕妈妈会表现为体重减轻。

孕吐时不必勉强吃

孕吐并不是疾病，通常从怀孕第 5 周开始，到第 12 周左右结束，大部分孕妈妈过了 13 周后，会自然好转。由于孕早期胎宝宝生长发育较慢，即使孕妈妈有些反应，孕前体内贮存的养分也是足够的，不会对胎宝宝的发育有太大的影响。所以，孕吐时不用勉强吃。

妊娠剧吐要及时就医

如果完全不能进食，就必须补充一些水分，可食用果汁、牛奶、菜汤等，既补充水分又能够补充因呕吐丢失的营养。如果早孕反应较严重，如持续性呕吐，甚至不能进食与进水，营养严重缺乏，这种情况称为妊娠剧吐，孕妈妈必须到医院输液治疗，以免引起代谢紊乱，造成意外。

TIPS

少食多餐，常备零食。孕吐反应期间，孕妈妈胃肠蠕动减慢，消化能力下降，三餐切勿多食，以免引起胃部不适或恶心呕吐；可在三餐间准备少量的开胃小零食和饮品，如果汁、牛奶、坚果等，感觉胃部不适时，可以吃一些来缓解。

食物烹调多样化。尽量迎合孕妈妈喜欢的口味，如糖醋味、酸味，帮助孕妈妈增进食欲。有早孕反应时，孕妈妈对气味相当敏感，如油味、鱼腥味、鸡蛋味都可能会引起呕吐，因此，应让孕妈妈少去厨房等气味较大的地方。

饭菜清淡、爽口、不油腻。多吃容易消化的食物，如稀粥、藕粉、烂面条等；晨吐反应严重的孕妈妈，可在早晨起床后吃一些烤馒头片、咸味面包、饼干等，以中和一定量的胃酸，有利于减轻孕吐反应。

姜汁橘皮饮 

原料： 姜20克，新鲜橘皮250克，蜂蜜100克。

做法： ①姜洗净，连皮切片或切碎，加适量温开水捣烂取汁，放入蜂蜜，搅拌均匀备用。②新鲜橘皮洗净沥干，切丝，放入蜂蜜姜汁中腌制1周。③需饮用时，用温水冲调即可。

营养分析： 姜汁能祛寒、健胃、止呕；橘皮气味芬芳，促进消化，开胃止吐。

草莓橙汁 

原料： 草莓200克，橙子100克。

做法： ①草莓洗净，橙子去皮、去子、切片。②一起放入榨汁机榨成汁。③饮用时可加入一倍的温开水进行稀释。

营养分析： 草莓有止咳清热、利咽生津、健脾和胃等作用；橙子有生津止渴、开胃的作用。两者均含丰富的维生素C，可减少孕妈妈的孕吐发生频率，又可去除早孕反应带来的烦热不安。

贫血

在孕期发生贫血，一般表现为皮肤萎黄，口唇、眼底黏膜苍白，孕妈妈常常会有头晕、眼花等症状，活动量稍大时，有心慌、气短、呼吸困难等情况出现。严重贫血的孕妈妈体质较差，临产时子宫收缩乏力，易出现滞产和产后大出血等产时并发症。

孕妈妈为什么容易贫血

据资料表明，我国有 20%~30% 的孕妈妈在孕期发生贫血，这是因为我国的膳食特点是以谷类及根茎类食物为主，铁吸收率仅为 5% 左右，同时膳食中还存在很多干扰铁吸收的因素，如谷类中的磷酸盐、植酸等。

贫血影响宝宝健康

贫血产妇所生的新生儿由于体内铁的贮备量低，即使出生时无显著病变，血红蛋白在正常范围内，但往往出生后不久便会出现贫血现象。孕妈妈严重贫血还会导致胎宝宝营养不良，生下来的宝宝也容易个子偏小、体重偏轻、智力偏低。

孕期应该摄入多少铁

我国营养学会推荐每天膳食中铁的摄入量：妊娠初期为 20 毫克，妊娠中期为 24 毫克，妊娠晚期为 29 毫克，哺乳期为 25 毫克。如果孕妈妈有挑食和偏食等不良习惯（如只吃素菜不吃荤菜，只吃鱼、虾等白肉，不吃猪肉、牛肉等红肉），在孕中后期是很容易发生贫血的，其中最常见的就是缺铁性贫血。

TIPS

浓茶、咖啡、可乐等含有较多的鞣酸，会影响铁的吸收，不建议经常饮用。

老的茭白、竹笋、菠菜含较多的草酸，也会影响铁的吸收，不建议经常食用。

对于血红蛋白低于 100 克 / 升的中度贫血孕妈妈，除了食物补充铁元素之外，应按医生的要求服用铁补充剂，尽快改善贫血。强化铁的食物及保健品需在医生指导下选用。

为了减少胃肠道反应，铁补充剂尽量在饭后服用。铁补充剂的服用不宜和钙补充剂同时，否则会互相干扰吸收。

黄豆芽鸭血汤

（汤）

原料：鸭血100克，黄豆芽60克，盐、芝麻油各适量。

做法：①鸭血洗净，切块，入沸水汆烫；黄豆芽洗净，切段，入沸水焯烫。②锅中倒入适量水，放入鸭血块、黄豆芽段煮熟，加盐、芝麻油调味即可。

营养分析：鸭血含铁量高，营养丰富，有补血、护肝、滋补养颜的作用。

鱼香肝片

原料：猪肝250克，青椒2个，蒜、盐、生抽、料酒、白糖、植物油各适量。

做法：①青椒洗净，去子，切块；蒜去皮，洗净，切末；猪肝处理干净，切片。②油锅烧热，爆香蒜末，倒入猪肝片翻炒至变色，倒入料酒、生抽、白糖、盐翻炒均匀，再倒入青椒块，翻炒至熟即可。

营养分析：猪肝含铁量高，营养丰富，有补血、护肝、滋补强身的作用；青椒含有维生素C，能够促进铁的吸收。

便秘

一般情况下，3天不排便就是便秘了，而有些孕妈妈即使只有1天不排便，也会觉得很痛苦，这也是便秘。由于肠道粪便及代谢的废物不能及时排出，粪毒及有害物质蓄积过量、过久还易引发其他病症和不适。过分用力排便可能会导致流产、早产及痔疮。

缺乏运动易造成便秘

孕妈妈应避免久站、久坐，工作时每隔1~2小时起来活动一下身体。保证每周至少有2或3次运动，如散步。每天早晨在饮用白开水后进行运动，如做孕妇体操，有利于促进全身血液循环和保持肌肉活力，增加胃肠蠕动。

不可擅自用药

所有药品一定要在使用之前咨询医生，千万不可擅自服药。有些中药也可能含有导致流产和早产的成分，比如大黄，所以使用前应该征求医生的意见。建议通过饮食和适量运动来改善便秘，这样更为安全有益。

TIPS

饮食中缺乏膳食纤维和足量的水分，是孕期便秘常见的原因。因此，孕妈妈应摄入富含膳食纤维的蔬菜、水果及粗粮等，并保证每日饮水充足。

蔬菜：菠菜、空心菜、胡萝卜等。

水果：梨、香蕉、火龙果等。

粗粮：全麦面包、燕麦片、玉米等。

菌藻类：魔芋、海带、裙带菜等。

水：每天6~8杯水（250毫升/杯），水温宜温凉，尤其晨起洗漱后饮水1杯，水里不需添加盐或蜂蜜。

黑豆饭

原料：黑豆、糙米各适量。

做法：①黑豆、糙米提前淘洗干净，用冷水浸泡4个小时。②泡好的糙米和黑豆沥干，加水，放入电饭煲焖熟即可。

营养分析：黑豆和糙米中富含矿物质和膳食纤维，可以预防便秘。

水肿

怀孕至中晚期，孕妈妈常会出现下肢水肿，主要是因为子宫增大，压迫下腔静脉，导致下肢血液回流不畅造成的。此外，因体内激素的变化，身体对水及盐分代谢能力下降，也容易造成水肿。

生理性水肿无需治疗

如果水肿在白天出现，经过一夜的休息可以消退，则属于生理性水肿。孕妈妈可以在休息时将脚垫高，加速下肢血液回流，有利于消除水肿；饮食上应当注意吃得清淡，控制盐分的过多摄入，因为盐能导致水钠潴留而引起水肿。

水肿不退谨防妊娠期高血压综合征

如果孕妈妈早上醒来后水肿还很明显，整天不见消退，或是发现脸部和眼睛周围都肿了，手部也肿得很厉害，或者脚和踝部突然严重肿胀，一条腿明显比另一条腿水肿得厉害，最好尽早去看医生，因为这可能是妊娠水肿或妊娠期高血压综合征的表现。

TIPS

侧卧比仰卧更能帮助减少早晨的浮肿。避免久坐久站，每半个小时或 1 小时就起来走动，经常把双脚抬高、放平。选择鞋底防滑、鞋跟厚、轻便透气的鞋。尽量穿纯棉舒适的衣物。不要吃过咸、难消化和易胀气的食物，如油炸的糯米糕、红薯、洋葱、土豆，以防止水肿情况加重。

羊肉冬瓜汤

原料：羊肉 300 克，冬瓜 200 克，料酒、葱白、盐、姜片各适量。

做法：①羊肉洗净，去血水、切块；冬瓜洗净，去皮、切片。②羊肉块放入锅中，加水、葱白、姜片、料酒烧沸，放入冬瓜片，小火烧至羊肉酥烂，加盐调味即可。

营养分析：冬瓜消水肿，可改善孕妈妈的水肿症状。

胃胀气

吃完东西后就不停地打嗝，打嗝厉害时就想吐，不管吃什么都胀气，等稍微舒服了，又会感觉到饿，再吃东西又会重复以上过程，这就是孕期胃胀气的表现。

少吃豆类、薯类

胃胀气是孕期的常见现象，孕妈妈不必紧张，可通过饮食改善症状。少吃易产气的食物，如豆类、薯类等。多吃一些含维生素 B_1 的食物，比如糙米、牛奶、鱼、动物肝脏、全麦面包等，可以帮助消食化滞，减轻胃胀气。此外，像金橘、佛手，具有理气、消食的作用，孕妈妈日常可用其泡茶饮用。

饭后按摩腹部

饭后 1 小时进行按摩腹部以帮助肠胃蠕动。孕妈妈坐在有扶手的椅子或沙发上，呈 45° 半卧姿，从右上腹部开始，顺时针方向移动到左上腹部，再往左下腹部按摩，切记不能按摩中间子宫所在部位。

TIPS

少食多餐，以 1 天吃 6~8 餐的方式进食，最好选择半固体、易消化食物。吃饭时要细嚼慢咽，不要喝太多水。

饭后 30 分钟至 1 个小时后，散步 20~30 分钟，对促进消化有帮助。

穿宽松、舒适的衣服，不要穿任何束缚腰和肚子的衣服。

可以考虑练习孕期瑜伽，学习放松的呼吸技巧。

茭白炒鸡蛋

原料： 鸡蛋 2 个，茭白 100 克，盐、葱花、高汤、植物油各适量。

做法： ①茭白洗净，切丝；鸡蛋加盐打散，入锅炒散。②油锅烧热，爆香葱花，放入茭白丝翻炒，加盐及高汤，收干汤汁，放入炒好的鸡蛋，稍炒后盛入盘内。

营养分析： 茭白富含膳食纤维，能帮助肠胃蠕动，非常适合胃胀气的孕妈妈食用。

腿抽筋

在孕中晚期，孕妈妈常会出现小腿抽筋的情况，这往往与体内缺钙有关。对于普通人来说，每天对钙的需求量为600~800毫克，而孕中晚期则需1000毫克/天。

妈妈缺钙造成宝宝缺钙

若孕妈妈在孕期饮食中补钙不足，不仅易出现小腿抽筋，严重时还可导致骨质软化症，骨盆变形，从而引发难产。孕妈妈缺钙容易造成胎宝宝在宫内钙贮存减少，新生儿在出生后很快出现缺钙，具体表现为容易惊醒及哭闹等，严重者出现手足抽搐及佝偻病。

TIPS

摄取含钙丰富的食物，首选奶类，牛奶中的钙含量不仅高而且吸收利用率高；其次为豆制品、虾皮、鱼片、鱼松、芝麻、绿叶蔬菜等。

尽量少吃腌制的食品，因其含磷高，影响钙的吸收。

保证一定的户外活动时间，因为日照可使皮肤中7-脱氢胆固醇转化为维生素D_3，促进钙的吸收。

骨头汤、老母鸡汤中钙含量并不高，补钙效果差，且脂肪含量较高，多食易导致肥胖，以此补钙属误识，应予转变。

强化钙的食品以及钙补充剂不可乱用，应在医生指导下使用，以免发生过量及中毒。

酸甜豆腐

原料：老豆腐2块，番茄酱、生抽、白糖、干淀粉、植物油各适量。

做法：①老豆腐洗净，切块。②锅内倒油烧热，下豆腐块，小火煎至豆腐块双面金黄后取出。③另起锅，加入番茄酱和少许水，小火翻炒至沸腾，调入生抽、白糖，搅拌均匀。④干淀粉加半碗水混合，调匀后倒入锅中搅拌均匀，熬至汤汁浓稠后，淋在豆腐块上即可。

营养分析：豆制品含钙，对腿抽筋有改善作用。

妊娠纹

妊娠纹的产生是由于怀孕后子宫膨胀超过腹部肌肤的伸张度，导致皮下纤维组织及胶原蛋白纤维断裂，从而产生的裂纹。妊娠纹出现的位置主要在腹壁上，也会出现在大腿内外侧、臀部、胸部、肩膀与手臂等处。

从孕早期开始预防妊娠纹

从怀孕初期到产后3个月，每天早晚取适量抗妊娠纹乳液涂于腹部、髋部、大腿根部和乳房部位，并用手做圆形按摩帮助吸收，可减少妊娠纹的出现。即使产前没有妊娠纹的孕妈妈，也同样不能省去这个步骤，因为有些细微的妊娠纹在产后瘦身后反而会出现。

体重增长太快加重妊娠纹

过多摄取脂肪，不但会造成产后瘦身的困难，也会在瘦身开始后短时间内形成妊娠纹。孕妈妈可通过少吃油炸、高糖的食品，多吃膳食纤维丰富的蔬菜、水果和富含维生素C的食物，每天早晚各喝1杯低脂牛奶，以增加细胞膜的通透性和皮肤的新陈代谢功能。

妊娠纹会引发皮肤瘙痒

由于夏天潮湿炎热，妊娠纹往往还会引发皮肤瘙痒、湿疹等问题。孕期洗澡时不要用太烫的水，水温过高会使皮肤干燥，失去弹性。宜选用纯净温和的高滋润性护肤品。

猕猴桃西米露

原料：西米50克，猕猴桃2个，枸杞子、白糖各适量。

做法：①西米洗净，清水泡2小时。②猕猴桃去皮，切成粒，枸杞子洗净。③锅里放适量水烧开，放西米煮至透明，加猕猴桃、枸杞子、白糖，用小火煮熟即可。

营养分析：香甜可口的猕猴桃西米露，不仅可以调理孕妈妈的胃口，还可为孕妈妈皮肤补充水分，增强皮肤抗损伤能力。

牙龈出血

许多孕妈妈在怀孕后，常会出现牙痛、牙龈出血的情况。这是由于怀孕后，胎盘分泌大量的孕激素，导致牙龈增厚及变软。如果不注意口腔及牙齿的卫生，让食物残渣遗留在牙齿基部周围的缝穴内，细菌便得以繁殖，导致牙痛出血，甚至患牙龈炎。

口腔问题影响宝宝发育

孕妈妈的口腔状况不仅直接关系到自身健康，而且还会影响到胎宝宝的发育及健康。口腔疾病中的细菌所产生的毒素有可能进入血液循环系统，通过胎盘影响到胎宝宝的正常健康发育，甚至有流产和早产的风险。

养成餐后刷牙的习惯

由于孕期内分泌的改变，孕妈妈身体会发生一系列变化，最常见的就是妊娠反应，如经常恶心呕吐，爱吃酸甜的零食，而且很难坚持做到每次餐后都刷牙，所以孕妈妈更易患龋病、炎症。孕妈妈应该经常进行口腔、牙齿的清洁，进食后刷牙，并定期做口腔检查。

多吃富含维生素 C 的食物

日常饮食中，孕妈妈应多吃富含维生素C的蔬菜、水果，如青椒、番茄、鲜枣、猕猴桃、橙子等。因为，牙龈肿胀，血管壁脆弱易破，容易出血，而维生素 C 能促进胶原的合成，在细胞间起结合与强化作用，可以预防血管破溃出血，还有促进伤口愈合的作用。

西蓝花胡萝卜炒肉片

原料：猪瘦肉、西蓝花各 100 克，胡萝卜半根，植物油、姜片、盐各适量。

做法：①西蓝花洗净，掰小朵；胡萝卜洗净，切片；猪瘦肉洗净，切片。②将胡萝卜片、西蓝花放入沸水中焯 1 分钟捞出，用冷水冲洗备用。③油锅烧热，爆香姜片，倒入肉片翻炒至变色，倒入西蓝花、胡萝卜炒熟，加盐调味即可。

营养分析：胡萝卜和西蓝花含有丰富的维生素 C 及膳食纤维；猪瘦肉含有丰富的蛋白质。

妊娠期高血压

妊娠期高血压是妊娠期特有的疾病，发病率约 10%，不及时控制会严重影响孕妈妈及胎宝宝的健康。产检是筛查妊娠期高血压的主要途径，孕早期应测量 1 次血压，作为孕期基础血压，以后定期检查。尤其是孕 36 周后，孕妈妈应每周观察血压及体重变化、有无蛋白尿及头晕等症状，做好防控工作。

妊娠期高血压的诊断

妊娠期高血压多发生在怀孕的后半期，主要症状有水肿、尿蛋白及高血压。

水肿：这种水肿经过一定的休息后仍不能缓解，而且会从腿部一直蔓延到腹部、脸、手等部位。如后期体重每周增加超过 500 克时，就应考虑是否由水肿引起。

高血压：收缩压和舒张压分别超过 140 毫米汞柱与 90 毫米汞柱时，即须注意，严重时会伴随腿胀、头痛、头晕等症状。

尿蛋白：如检查反复呈阳性，则应注意。

哪些孕妈妈易患妊娠期高血压

已带病者。原来患有高血压、肾脏病、肝脏病、糖尿病等，或以前曾患过这些疾病的孕妈妈。

家族史。家族中有高血压史者发病多，可能与家庭饮食习惯有关。

矮胖体型的孕妈妈易发病。过胖的人，常会引起高血压或造成心脏的负担。

营养不均衡。有贫血、低蛋白血症的孕妈妈易发病。

高龄孕妇。年龄越大，患此病的概率也越大，这是血管老化与孕妈妈适应力差的缘故。

饮食总热量不能超标

总热量不超标。应衡量孕中晚期体重，以每周增重不超过 500 克为宜，如体重超标，应适当调整饮食。

控制脂肪的摄入量。特别是动物脂肪，如猪油、牛油等。

补充充足的钙。如有妊娠期高血压倾向，可每天补充钙 2000 毫克。钙有辅助降低血压、减小妊娠期高血压发生概率的作用。

饮食宜清淡。减少食盐量，每天控制在 5 克以内，以防钠盐过多，引起水钠潴留。

芹菜腰果炒香菇 

原料：芹菜 400 克，腰果 50 克，鲜香菇、红彩椒、姜片、盐、水淀粉、植物油、白糖各适量。

做法：①芹菜择洗干净，切段；红彩椒洗净，去子、切条；鲜香菇洗净，去蒂、切片。②芹菜段、鲜香菇片入沸水焯烫，捞出沥干。③油锅烧热，放入腰果炸熟，捞出控油。④锅内留底油，爆香姜片，放入芹菜段、腰果、红彩椒条、鲜香菇片翻炒均匀，加盐、白糖调味，用水淀粉勾芡即可。

营养分析：芹菜含有丰富的维生素 C、铁及膳食纤维，有利于预防妊娠期高血压，缓解孕期便秘。

牛奶红枣粥 

原料：大米 30 克，牛奶 250 毫升，红枣 5 颗。

做法：①红枣洗净，去核，切小块。②大米淘洗干净，放入锅内，煮至绵软。③加入牛奶和红枣，煮至粥浓稠即可。

营养分析：牛奶红枣粥热量较低，可补气血、健脾胃。牛奶中又含有丰富的钙，钙有辅助降低血压、减少妊娠期高血压发生概率的作用。

妊娠期糖尿病

妊娠期糖尿病（空腹血糖大于等于 5.1 毫摩尔 / 升即可确诊）是指妊娠期间发生的糖尿病，大部分发生在妊娠的第 24~28 周。因为是怀孕引起的，所以叫妊娠期糖尿病，是由胰岛素分泌相对不足或体内胰岛素抵抗造成的。生完孩子短期内，产妇的血糖大部分会回到比较正常的状态。但妊娠期糖尿病也有转化为 2 型糖尿病的风险。

妊娠期糖尿病会出现“三多一少”的症状

妊娠期糖尿病比较严重的时候，孕妈妈会出现“三多一少”的症状。“三多”即吃得多，但饥饿感更强；喝得多，但总感觉口渴；尿得多，总要上厕所，有些人尿液中会出现泡沫。“一少”即体重值反而减少。因为大量糖分随着尿液排出，更容易导致营养缺乏。

有些孕妈妈还会出现羊水过多或胎宝宝偏大的问题，还有些孕妈妈霉菌性阴道炎反复发作，这些和高血糖都有关系。

哪些孕妇最易患妊娠期糖尿病

（1）有明显的糖尿病家族史，如父亲或母亲有糖尿病。

（2）年龄 30 岁及以上的孕妇。

（3）孕前肥胖，身体质量指数 BMI ≥ 24.0 或孕期体重增长过快者。

（4）有不良孕产史（死胎、死产、新生儿死亡、多次流产）者。

（5）羊水过多者。

（6）有巨大儿分娩史者。

（7）随机检查尿糖，反复出现尿糖阳性者。

（8）有反复发作的霉菌性阴道炎者。

（9）孕早期空腹血糖≥ 5.1 毫摩尔 / 升。

（10）胎儿过大（宫高明显高于妊娠图上限）。

建议有上述情况者应做葡萄糖耐量检查，以尽早确诊，尽早控制血糖。

控制热量是关键

妊娠期糖尿病的饮食管理对糖尿病的控制至关重要，80%~90% 患有妊娠期糖尿病的孕妈妈可通过饮食治疗使病情得到控制。

（1）定时、定量进食，宜少食多餐，每天 5 或 6 餐，餐后适当运动。

（2）主食（米、面）摄入量每天约 250 克，建议粗细搭配，粗粮细粮各占一半。

（3）尽量选用含糖量低的水果，建议在两餐饭之间食用。

（4）每天食用 500 克以上的蔬菜（叶类或瓜茄类蔬菜），增加膳食纤维的摄入；尽量避免多吃薯类（如土豆）等高淀粉食物。

（5）烹调方式注意尽量少用油煎炸，多用些凉拌、炖煮的方式。

（6）炒菜用植物油需限量，每人每天 20~25 克。

（7）避免吃加糖、糖醋、油炸、油煎及勾芡的食物。

（8）调味宜清淡，不可太咸。

容易引发妊娠期糖尿病的饮食误区

（1）过分相信水果有“让孩子皮肤变白”的神奇功能，过量摄入水果，如有的孕妈妈一天吃 3~4 个大苹果，或吃 500~1000 克葡萄。其实，过量摄入水果很容易会使血糖值升高。

（2）用吃西瓜来代替喝水。夏季炎热，不少孕妈妈贪吃西瓜，西瓜的糖含量为 5%~10%，吃 1 千克西瓜等于摄入 50~100 克的糖分，极易造成血糖升高。

（3）红枣、桂圆、糯米熬粥补气、补血。

（4）喜欢果汁、冷饮、甜糕点及高脂类食物。

（5）烹调食物时每菜必放糖。

（6）喝蜂蜜水通便去火。

饭后运动半小时

运动疗法同样适用于患妊娠期糖尿病的孕妈妈。运动不仅有益于母婴的健康，而且有益于糖尿病的控制。特别是单纯饮食控制不佳的孕妈妈，应在三餐饭后稍休息一下，选择散步或轻柔的孕妇体操，时间为半小时左右，可以通过消耗肌糖原而降低血糖值。

该用药时不要犹豫

经过严格的饮食管理和运动疗法等治疗，血糖仍不能有效控制时，患妊娠期糖尿病的孕妈妈就应该接受胰岛素治疗，10%~20% 的妊娠期糖尿病孕妈妈需要胰岛素治疗。胰岛素可有效快速地控制血糖，又不通过胎盘，因而对孕妈妈和胎宝宝来说都是安全的。值得注意的是，妊娠或哺乳时不能用降糖药控制血糖，因为口服降糖药可以通过胎盘或进入乳汁，不利于宝宝的健康成长，甚至在孕期造成胎宝宝畸形。

防治妊娠期糖尿病的食物选择

食物类别	每天摄入量	一般食物	有益食物	不宜多食食物
谷类	250~300克	大米、面粉、玉米、花卷、挂面、馒头、咸烧饼、菜包、肉包、花生仁	荞麦面、麦麸、绿豆、红豆、黑豆、高粱、麦麸咸面包、白扁豆、小米、黑芝麻	糯米类黏食(如年糕、汤团、八宝饭、麻团、粽子)、油条、油饼、小笼包、油炒饭、蛋炒饭、锅贴、春卷
蔬菜(含菌藻类)	500克	白菜、青菜、菠菜、莴笋、绿豆芽、青椒、豇豆、四季豆、菜花、苋菜、茼蒿、豌豆苗、茄子、南瓜、百合、胡萝卜、荸荠	番茄、黄瓜、苦瓜、冬瓜、丝瓜、大蒜、山药、洋葱、空心菜、芹菜、龙须菜、韭菜、海带、香菇、黑木耳、螺旋藻、野菜类(荠菜、马兰头)	土豆、红薯、芋头、慈姑、菱角、板栗
豆制品	100克	素鸡、香干、白干、千张、腐竹	豆浆(无糖)、豆腐、豆腐脑、无糖豆浆粉	豆腐果、油炸臭干
水果1~2个	150~300克	柑橘、橙、梨、桃、杏、火龙果、苹果	柚子、猕猴桃、草莓、枇杷、芭乐、蓝莓、油桃	甘蔗、鲜枣、香蕉、柿子、桂圆、荔枝、葡萄、哈密瓜、西瓜、菠萝
肉类	100~150克	瘦肉(猪、牛)、鸡、鸭、鹅	黄鳝、泥鳅、海参、鱼类(海鱼)、贝类、虾、牛蛙、鹌鹑、鸽子、乌鸡	香肠、咸肉、五花肉、甜肉松、筒子骨汤、老母鸡汤、蹄髈、肋排、动物内脏及皮
蛋类	1个(50克)	鸡蛋、鸭蛋、鹅蛋	鹌鹑蛋、鸡蛋(煮、蒸)	煎鸡蛋
奶类	250~500毫升	普通消毒奶、普通奶粉	低脂奶、高钙奶、无糖孕妇奶粉、无糖酸奶	酸奶(加糖)、甜牛奶、甜奶酪、奶油、全脂甜奶粉、特浓高脂奶
甜食点心				蜂蜜、巧克力、汽水、可乐、糖果、蜜饯、蛋糕、葡萄干、柿饼、蜜枣、红枣、琥珀核桃仁、果汁、冷饮

番茄炒鸡蛋

原料：番茄1个，鸡蛋1个，植物油、盐各适量。

做法：①番茄洗净，切块；鸡蛋打散。②油锅烧热，倒入蛋液，待蛋液凝固，翻面，炒熟后盛出备用。③另起一锅，油锅烧热，放入番茄块翻炒出汁，倒入炒好的鸡蛋翻炒，至番茄软烂，加盐调味即可。

营养分析：番茄健胃消食，润肠通便，对孕妈妈的皮肤有很好的养护作用，还可以增强孕妈妈的体质。

腐竹拌黄瓜

原料：豆芽30克，干腐竹50克，黄瓜半根，盐、醋、芝麻油各适量。

做法：①豆芽洗净；干腐竹用冷水泡开后，焯一下，切段；黄瓜洗净，切丝。②在锅中放入适量清水，水沸后把豆芽放入锅中，焯熟。③将腐竹、黄瓜丝、豆芽与剩下调料拌匀即可。

营养分析：这道菜爽口清淡、热量较低，还能有效促进机体的新陈代谢，适合患有妊娠期糖尿病的孕妈妈食用。

体重增长过快

怀孕期间如果饮食搭配不合理，过多摄入主食，使热量超标，会导致孕妈妈过胖、胎儿过大。检验营养摄入是否足够常用的指标就是体重。在正常情况下，孕妈妈在孕早期的体重可增长1~1.5千克；孕中期，每周增长0.35~0.4千克，至足月妊娠时，体重比孕前增长约11千克。如体重增长过快、肥胖过度，应及时调整饮食结构，去医院咨询。

孕中期控制高脂、高糖食物

孕13~27周的是孕妈妈体重迅速增长、胎宝宝快速发育的阶段，此阶段一些孕妈妈体重增长会超标，也是妊娠期高血压、糖尿病的高发期。这一时期，孕妈妈要经常监测体重，发现体重增长过快就应在饮食上加以纠正，并适当控制高脂、高糖食物的摄入量，以减少热量摄入。

孕晚期减少主食摄入量

孕28~40周胎宝宝生长速度较快，很多孕妈妈体重会急剧增长。这个阶段除正常饮食外，可以适当减少米、面等主食的摄入量，少吃水果，以免自身体重增长过快和胎宝宝长得过大。

需要提醒孕妈妈的是，正餐一定要吃，并改变进餐顺序：先喝汤（建议是蔬菜汤），再吃蔬菜，最后吃饭和肉类。

豆芽木耳汤

原料：黄豆芽100克，干黑木耳5克，番茄1个，高汤、盐各适量。

做法：①番茄外皮轻划十字刀，放入沸水中焯熟，取出泡冷水，去皮、切块；干黑木耳泡发，切丝。②锅中放入洗净的黄豆芽翻炒，加入高汤，放入黑木耳丝、番茄块，中火煮熟后加盐调味即可。

营养分析：黑木耳有益气强智、补虚强身的作用；黄豆芽的维生素B_2含量较高，且热量较低。

体重增长过慢

孕妈妈如果太过消瘦，体内的营养素十分缺乏，在分娩时就容易因为体力不支而延长产程。此外，孕妈妈体重过轻易生出体重低于2.5千克的低体重儿，这样的宝宝出生后体弱多病，会增加抚养的困难。因此，孕妈妈应该保证健康而且均衡的饮食，这样胎宝宝才能获得足够的营养。

多吃动物性食物补铁

孕期本就容易贫血，身体纤瘦的孕妈妈就更需要及时补血了。日常多吃瘦肉、猪肝、鸭血、菠菜等含铁丰富的食物，不仅可以补血，同时还有滋补强身的功效。另外动物内脏中的铁含量往往高于动物的肉，如猪肝、牛肝、羊肝、鸡肝等。

额外补充营养素

体重增长过慢的孕妈妈更加要重视营养补充，要吃高热量、富含蛋白质的食物，在补充足量主食的基础上，多吃鱼、虾、瘦肉、奶制品、豆制品等，另外还要补充钙、铁、锌和维生素。如有需要也可以咨询医生，开一些补充营养素的药剂。

有些微量元素对分娩起着至关重要的作用，比如钙可以让骨盆更强健、减缓疼痛，锌能够加快分娩进程。如有需要，孕妈妈可遵医嘱服用营养补充剂。

可乐鸡翅

原料：鸡翅8个，可乐250毫升，老抽、生抽、料酒、盐、姜片、葱花、植物油各适量。

做法：①鸡翅洗净沥干，在中间轻划几刀，用葱花、姜片、盐、料酒腌制1小时。②油锅烧热，爆香葱花、姜片，放入鸡翅煸炒至两面焦黄，倒入可乐。③大火烧开后倒入老抽和生抽，转小火焖煮20分钟，大火收汁至浓稠即可。

营养分析：鸡翅的皮富含胶质，肉含有丰富的蛋白质。